# 地域・社会とJA人材事業

## —課題解決のための地域の連携・協働—

# はじめに

2014年から始まるJAグループの「創造的自己改革」では、「農業者の所得向上」と「農業産出の拡大」と並び、「地域の活性化」が基本目標とされた。また、2020年に閣議決定された新しい食料・農業・農村基本計画でも、「地域を支える体制及び人材づくり」の中で「農業協同組合などの多様な組織による地域づくりの取組を推進する」とあるように、地域活性化へのJAの期待が明示されている。

これらのことは、JAが農業振興だけでなく、関連する生活事業・活動等を通じて農業者、地域住民を包含する地域社会全体の課題の解決に取り組んできたことが背景にある。農業と地域に関する課題の解決を両輪とするJAの役割、機能は、その前身である産業組合時代にさかのぼるものであり、その取組みは、組合員を中心とした人的·組織的な連携·協働のもとに行われてきた。ただし、現在の日本農業および地域社会が抱える課題は年々深刻化し、かつその領域は広範囲にわたっている。従来のJAとその組織基盤の枠内での対応には限界があり、物理的にも分野的にもより広域の人的・組織的な連携・協働を、対応できる高度な人材育成とともに、実現していくことが必要となっている。

本書は、人的・組織的な連携・協働の視点から、JAおよびJAグループが、その基盤とする農業生産・地域社会が抱える課題解決のために果たしている役割・機能について検討するものである。

本書は、四つの章から構成される。第Ⅰ部では、JAと地域社会の関係について、その歴史的経緯と構造的な課題を概観する。次に、第Ⅱ部では、JAによる人材確保と人材育成について、第Ⅲ部では、JAと対外組織との関係強化について、それぞれ課題解決のための連携・協働の実践事例を交えて検討する。第Ⅳ部では、JAが近年新たに直面し、かつ解決のため重要な役割を求められる課題について、具体的事例から対応方向について検討する。

本書は、「農業協同組合経営実務」2020年５月号から2021年３月号に掲載された『JA 経営の真髄　地域・社会と人材事業』と題した連載をまとめたものであり、農林中金総合研究所の10名（執筆時）の研究員が執筆を担当した。

最後に、各担当者の執筆にあたっては、JA および JA グループ、行政関係者、さらに関係する農業者、諸団体の方々をはじめ、多数の皆様のご協力を得ました。この場をお借りして皆様にお礼申し上げます。

# 目　次

はじめに

## 第Ⅰ部　JAと地域社会の関係性・構造的な課題

第１章　人口減少時代の地域社会と農協の役割…行友　弥　7

第２章　地域社会の持続性を支える農協の取組み
……………………………………………内田 多喜生　21

## 第Ⅱ部　他団体との連携・協働

第３章　農協と商工会・商工会議所との連携の実態と効果
………………………………………………尾中 謙治　39

第４章　アグベンチャーラボとJA……………重頭 ユカリ　51

## 第Ⅲ部　新たな課題への挑戦

第５章　スマート農業にかかわる生産者組織とJAの役割
………………………………………………小田 志保　67

第６章　農協の獣害対策と地域における役割
……………………………………………藤田 研二郎　82

第７章　被災地の農業復興における農協の役割
—平成29年九州北部豪雨における
JA 筑前あさくらの取組みから— ……野場 隆汰　95

## 第Ⅳ部　人材確保と育成

第８章　作目別にみる農協仲介型援農ボランティアの定着要因
—多品目野菜生産と果樹類生産に着目して—
……………………………………………………草野 拓司　111

第９章　特定技能外国人の受け入れにかかる JA の対応方針
……………………………………………………石田 一喜　123

第10章　地域での連携による農業への新規参入支援と
農協の役割 ………………………………………長谷　祐　137

第11章　変革期に求められる JA の人材育成… 斉藤 由理子　152

おわりに

# 第Ⅰ部

# JAと地域社会の関係性・構造的な課題

# 第1章

# 人口減少時代の地域社会と農協の役割

行友（ゆきとも） 弥（わたる）

## はじめに

JA グループが推進する自己改革においては、農業者の所得増大や農業生産の拡大と並んで「地域活性化」も大きな柱とされている。

次章で明示されるように、農協やその前身にあたる組織は歴史的に地域社会を基盤とし、住民のさまざまなニーズに応えてきた。国際協同組合同盟（ICA）の協同組合原則や日本の JA 綱領にも、地域社会（コミュニティー）への貢献がうたわれている。その意味で、農協が地域の課題に向き合うのは当然のことだろう。

ただ、地域社会のニーズは時代とともに変化する。とくに、現在の日本社会では、少子高齢化を背景に人口減少が加速化し、それにともなう新たな諸課題が生じている。それらは複雑に絡み合い、従来の縦割りの制度や組織では対応が難しいものも少なくない。

地域が抱える複合的な課題に、農協はどう対処すべきか。本稿では、人口減少時代の日本において地域社会が抱える課題を整理し、農協に求められる役割とは何かを考えてみたい。

## 1．少子高齢化がもたらす社会的課題

総務省の人口推計によると、日本の総人口が継続的な減少に転じたの

は11年と考えられる（図表１）。減少のペースも加速している。

15年の国勢調査結果をもとにした国立社会保障・人口問題研究所（社人研）の出生中位推計（合計特殊出生率を上・中・下位のうち中位と前提）によると、総人口は53年に１億人の大台を割り込み、65年には8,808万人まで減少する。

減少の主因が少子高齢化であることはいうまでもない。厚生労働省の人口動態統計によると、合計特殊出生率（１人の女性が生涯に産む子どもの数にあたる）は18年に1.42となり、前年より0.01ポイント下がった。05年の1.26でいったん底を打ったが、15年の1.45で頭打ちになり、その後は３年連続で再び下落している。

人口を維持するために最低限必要な出生率（人口置換水準）は2.07とされるが、仮にその水準を回復しても、当分は子どもを産む女性の数が減り続けるため、少子化に歯止めはかからない。数十年は人口減少が続く前提で今後の社会のあり方を考えていくことが現実的といえる。

当然、人口構成も大きく変化する。年齢階層別の人口を積み重ねたグラフは、下（年少者）が厚いピラミッド型がすでに崩れているが、40〜50年後には上が膨らんだ「棺桶型」になる（図表２）。

図表１　日本の総人口と増減率の推移

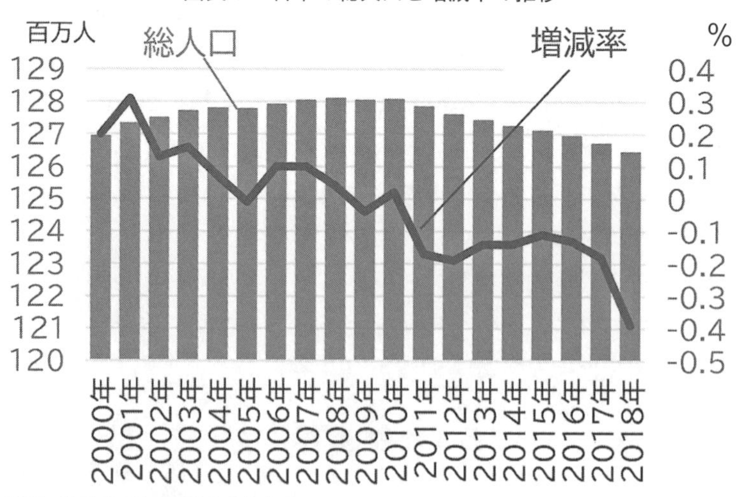


資料　総務省「人口推計」より作成

同じ中位推計によると、総人口に占める生産年齢人口（15〜64歳）の割合は65年に51.4％となり、15年の60.8％から10ポイント近く低下する。同じ期間に65歳以上の割合（高齢化率）は26.6％から38.4％に上昇し、日本は2.6人に1人が高齢者という、世界に類例のない超高齢社会に突入する。

人口減少と高齢化は、消費市場の縮小を通じて経済にマイナスの影響を及ぼす。また、生産性の大幅な向上がない限り、生産年齢人口の減少は生産力を低下させる。将来に備えて貯蓄する世代が減り、貯蓄を取り崩す高齢者が増えるため、貯蓄率も下がり、投資の減少や経常収支の悪化にもつながる。

社会保障システムはすでに危機に直面している。高齢者の増加と現役世代の減少は、賦課方式（現役世代が同時代の高齢者に「仕送り」する仕組み）を基本とする公的年金制度をはじめ、社会保障制度の基盤を崩していくからだ。

内閣官房の資料によると、1965年の日本は1人の高齢者を9.1人の現役世代（20〜64歳）が支える「胴上げ」型社会だったが、12年には支え手が2.4人の「騎馬戦」型になった。50年には1.2人が1人を支える「肩車」

図表2　2065年の年齢別人口構成

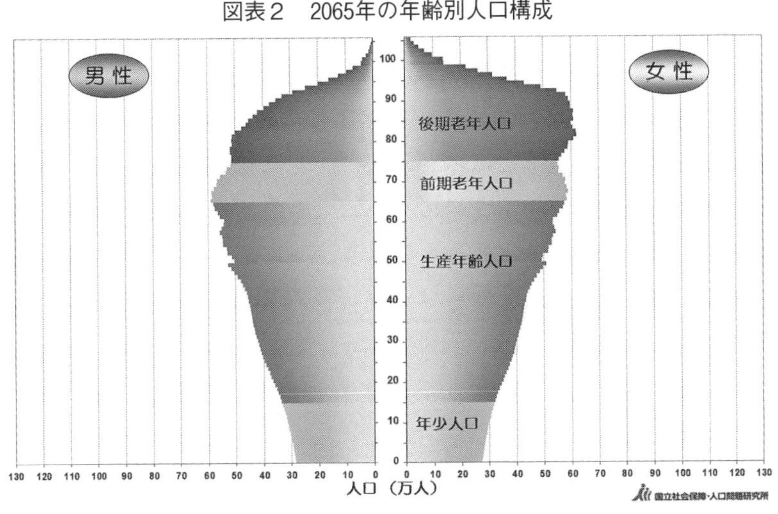


資料　国立社会保障・人口問題研究所ホームページ

型になる。

18〜20年度における介護保険料の全国平均は月額5,869円で、制度が発足した00年度の2倍に達している。それでも介護現場は、人手不足と低賃金・重労働に悩み、ヘルパーの離職やサービスの劣化が深刻な問題になっている。

医療費の膨張も続く。厚生労働省などの試算によると、18年度に45.3兆円だった国民医療費（患者の自己負担分含む）は「団塊の世代」（1947〜49年生まれ）が後期高齢者（75歳以上）になる25年には50兆円台半ばに達し、40年には80兆円に迫る。現在の名目国内総生産（GDP）との比較でいえば、15％程度にあたる膨大な規模だ。

政府は04年に現役世代の負担増を抑制する「マクロ経済スライド」を公的年金へ導入したほか、最近は「全世代対応型社会保障」（高齢者の負担を増やし、現役世代への支援を強化）への転換も掲げているが、制度の持続可能性を確保するには、より抜本的な改革が必要とされる。

高度経済成長期以来続く社会構造の変化も事態を困難にしている。最大の要因は核家族化を通り越して「単身化」へと突き進む「家族の縮小・解体」である。社人研「日本の世帯数の将来推計」（18年）によると、一人暮らしの世帯は15年の1842万世帯から40年には1994万世帯に増え、世帯総数に占める割合は34.5％から39.3％へ上昇する。1980年の19.8％からみれば、ほぼ倍増である。

とくに増えるのが高齢者の単身世帯で、40年には896万世帯となり、「世帯主が65歳以上の世帯」の4割が独居になる計算だ。

非正規雇用の増大などを背景に、生涯未婚のまま老後を迎える人も多くなる。内閣府の「少子化社会対策白書」によると「50歳時未婚率」（50歳になるまで一度も結婚したことがない人の割合）は00年時点では男性4.5％、女性2.6％だったが、15年には男性23.4％、女性14.1％と5倍以上になり、40年には男性29.5％、女性18.7％に達すると予測されている。

「高齢者の介護は肉親や配偶者が担う」という常識は、もはや過去のものになりつつある。都市部を中心に家族や地域（コミュニティー）のつながりを失った「無縁社会」が広がる。正式な統計はないが、全国で年間３万人規模といわれる「孤独死」はその象徴だろう。

一方、農山村ではまだ３、４世代が同居する大家族が多く、結（ゆい）などと呼ばれる助け合いの文化も残っているが、いわゆる「限界集落」（住民の半数以上を65歳以上が占める集落）などでは、高齢者だけの世帯も増え、草刈り等の共同活動や見守り・声かけ・家事支援といった支え合いが難しくなってくる。

## ２．地域共生社会と「互助」の再構築

厚生労働省はこうした状況に危機感を抱き、05年の介護保険法改正で「地域包括ケアシステム」の確立を掲げた。これは「要介護状態になっても住み慣れた地域で自分らしい暮らしを続けられるよう、住まい・医療・介護・予防・生活支援が一体的に提供される」体制を目指すものだ。制度面では「地域包括支援センター」の設置が柱だが、本質的な狙いは「地域住民同士の支え合い」機能を高めていくこととされる。

最近の同省は、それを一歩進めて「地域共生社会」の構築も提唱している。これは高齢者福祉に限定せず、障害者、貧困、社会的孤立（ひきこもりなど)、子育て等の課題を「まるごと」（一体的に）解決しようという理念である。現場では「非正規雇用で働くシングルマザーが子育てと親の介護を一手に担い（ダブルケア)、ストレスから心を病む」といった複合的な事例が増え、縦割りの制度や組織では対応が難しくなっているからだ。

同省は、地域共生社会が求められる背景をこう説明する。

「高齢化や人口減少が進み、地域・家庭・職場などにおける支え合いの基盤が弱まっている。人と人とのつながりを再構築することで、様々な困難に直面しても、誰もが役割を持ち、互いに配慮し、存在を認め合い、支え合うことで、孤立せずにその人らしい生活を送ることができる社会としていくことが求められる」

「人口減少の波は社会経済の担い手の減少を招き、耕作放棄地や空き家、空き店舗など、様々な課題が顕在化している。社会保障や産業などの領域を超えてつながり、地域社会全体を支えていくことが重要となってい

る」（いずれも厚労省ホームページより抜粋）

これは、地域における互助（相互扶助）の再構築と言い換えられる。社会の近代化とともに、先に触れた「結」のような慣行はすたれ、公助（税）・共助（社会保険）がそれを代替してきた。しかし、その公助・共助が限界を迎えた今、互助を再び強化しなければ自助（自己責任）だけの殺伐とした社会になってしまう（図表3）。

公助・共助をつかさどる厚労省が互助の強化を唱えることには「行政の責任放棄」「地域への丸投げ」という批判もありうる。しかし、欧州連合（EU）の原則（マーストリヒト条約）にも盛り込まれた「補完性の原理」によると、大が小を補完するのが本来の「自治」のあり方である。個人のレベル（自助）で解決できない課題に地域の助け合い（互助）で対処し、それも難しい場合に行政（公助・共助）が手を差し伸べる。逆にいえば、公助・共助に多くを委ねた結果、地域（コミュニティー）の力を弱め、住民を受け身の存在にしてきたのが、戦後日本の「福祉国家」の帰結なのかも知れない。

そうした流れの中においても互助の理念を担ってきたセクターが「協同組合」だった。支える側と支えられる側を固定化せず、助け合いによ

図表3　自助・互助・共助・公助の関係

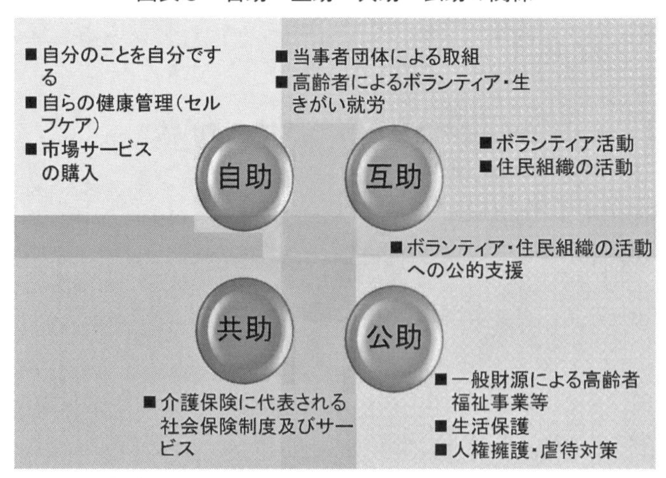


資料　厚生労働省ホームページ

って課題を克服しようとする地域共生社会の理念は、協同組合の根幹にある社会連帯の思想と重なるように思われる。

## ３．東京一極集中と「地方消滅」

日本全体の人口増減は（海外との出入りを除けば）産まれてくる子どもの数（出生数）と亡くなる人の数（死亡数）の差、すなわち「自然増減」と一致する。しかし、国内では地域間で絶えず人口の移動があり、地域を限定すれば、転入から転出を差し引いた「社会増減」の方が大きな変動要因になっていることが多い。

いま、日本で起きている人口減少の最大の特徴は、東京圏（東京・埼玉・千葉・神奈川の１都３県）への一極集中をともなっているという点だ。このため、人口減少は地方圏においてより早く進み、課題も早期に顕在化する。

民間有識者でつくる「日本創成会議」（増田寛也座長）は、13～14年に発表した一連の論文などで、この状況を「極点社会」と呼び、その結果としての「地方消滅」に警鐘を鳴らした。東京一極集中は地方を衰退させ、結果的に日本全体の人口減少にも拍車をかけているという分析である。

この報告は大きな波紋を広げたが、批判も多かった。統計データの機械的処理だけで全国896市区町村に「消滅可能性自治体」のレッテルを張った手法や、「選択と集中」の発想で地方中核都市レベルの自治体に「人口のダム」を築く（より小規模な自治体は切り捨て？）という提言には筆者も強い違和感を抱いたが、ここでは踏み込まない。いずれにせよ、東京一極集中の弊害は同会議の指摘通りだろう。

東京圏に人が集まるのは、進学や就職のため地方から上京し、そのまま定着する若者が多いからだ。就学や雇用の機会だけでなく、買い物や娯楽の場も豊富で、生活の利便性が高い東京圏が若者にとって魅力的な地域であることは間違いない。

半面、東京圏は結婚・出産・子育てには不利な地域でもある。保育所は慢性的に不足し、常に大勢の待機児童がいる。厚労省の「保育所等関連状況取りまとめ」によると、19年４月１日時点の待機児童数は東京都が3,690人で全国最多になっている。施設整備を進めたことで前年より1,724人の減少となったものの、それでも希望者に対する待機児童の比率は1.19％と全国ワースト４位だ。

政府が定義を変えたことで待機児童にカウントされなくなった「隠れ待機児童」(通勤事情などで特定の保育施設を希望したが認められなかったり、選考で外れたため仕方なく育児休業を取ったりしたケース）も東京は多く、実態は公表数字よりはるかに深刻とされる。一般的に大都市圏では核家族、ひとり親、共働きなどの世帯が多く、それだけ母親の負担は重い。自宅と職場が遠く、子どもを預かったり、育児の相談に乗ってくれたりする縁故者や知人が近隣にいないことが多い。

また、東京圏では結婚しない人が多い。社人研によると15年時点における東京都の50歳時未婚率は、男性が全国２位の26.06％（全国は23.37％)、女性は全国１位の19.2％（同14.06％）と高い。

このような地域に若者が集まれば、国全体の少子化は加速される。都道府県間の人口移動と合計特殊出生率を重ねると、出生率の最も低い東京圏がブラックホールのように地方から人を吸い込んでいる状況がわかる（図表４)。

図表４　都道府県別の人口社会増減と合計特殊出生率

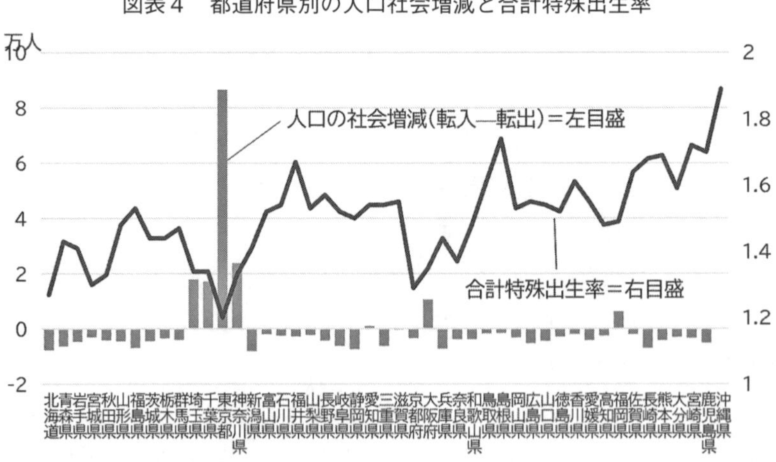


資料　総務省「住民基本台帳人口移動報告」(2019年)
及び厚生労働省「人口動態統計」(2018年）より作成

東京圏では、高齢者の介護も危機的な状況になっていく。社人研の予測によると、15年時点に394万2,000人だった東京圏の75歳以上人口は、45年までの30年間に245万人増え639万2,000人に達する。増加率は62.2%で、全国の39.5%を大幅に上回る。このため、現状でも不足しがちな東京圏の高齢者介護施設と介護要員は決定的に足りなくなり、このままでは大量の「介護難民」が発生する。

一方、地方圏では高齢化が先行した結果として、高齢者の増え方がすでに鈍り始めている。このため日本創成会議は「高齢者の地方移住」を提言した。これも「地方を『うば捨て山』にするのか」といった批判を浴びたが、政府はその提言を受けて高齢者の集住拠点となる「日本版CCRC」（Continuing Care Retirement Community）の推進を掲げており、将来的に地方圏が高齢者の受け皿になっていく可能性は否定できない。

## ４．地方創生へ向けた取組み

すでに述べた通り、人口減少の影響がより早く、より深刻な形で現れるのは地方圏だ。14年には「まち・ひと・しごと創生法」が施行され、政府も「地方創生」に乗り出した。

「地方消滅」といっても、自治体がまるごと消えることは考えにくい。ただ、中山間地域などでは７、８割の人口減少が予測される町村もある（社人研の推計によると、たとえば奈良県川上村の人口は45年に270人になり、15年から79%の減少が予測されている）。

現実に起きるのは、人口減少によって行政効率が低下し、医療・介護・流通・公共交通などのインフラも維持できなくなるという問題だ。市町村合併などで役場の支所が廃止され、商店や病院が撤退し、鉄道・バスの路線が廃止されれば、地域はますます不便になり、さらなる人口流出を招くという「負のスパイラル」に陥る。

集落単位なら、実際の消滅もありうる。国土交通省は14年に公表した「国土のグランドデザイン2050」において、同時点で人が住んでいる地域の６割以上で50年までに人口が半分以下に減り、２割は無居住化（無人化）するとの推計を示した。

また、同省が15年に実施した全国調査によると、全国7万5,662集落のうち2割にあたる1万5,568集落が「限界集落」(住民の半数以上が65歳以上)だった。全員が65歳以上の集落も801含まれていた。

前述の通り、限界集落では地域を守るための共同活動(たとえば草刈りや鳥獣害対策)や住民同士の支え合いが維持できなくなり、住み続けることも困難になる。同調査では、市町村の担当職員が「いずれ無居住化する」とみる集落も3,044か所あった。

ただし、前回調査(10年)以降の5年間で実際に消滅したのは174集落(うち27集落は東日本大震災の津波被災地)にとどまり、自治体職員が「10年以内に消滅する」と予測した452集落のうち、実際に消滅したのは41集落だけだった。

このように、実際の集落はそう簡単に消滅しないことも事実だ。個別事例を詳しくみれば、かつて集落に住んでいた人や縁故者が通い、高齢化した住民をサポートしているケースも少なくない。

08年のリーマン・ショックや11年の東日本大震災をきっかけに、都会の若者が中山間地域や離島に移住する「田園回帰」の流れも強まっている。09年には、大都市圏からの移住者を国が市町村を通じて支援する「地域おこし協力隊」制度も創設された。総務省によると、18年度の隊員数は1,061市町村で5,513人(見込み)に上る。7割が20、30代で、全体の6割が3年間の期間終了後もその地域に定住しているという。

持続可能な地域社会総合研究所(藤山浩所長)の調査によると、島根県などではむしろ「田舎の田舎」と呼ばれる離島・山間地域において都市部からの移住者が増え、人口が社会増に転じたケースもあった。藤山氏は、子育て世代の転入が一定の水準で続けば、将来の自然増につながることを示した(田園回帰1%戦略)。

移住者だけでなく、最近は地域に通ってかかわり続ける「関係人口」も注目されている。関係人口が定住人口になる可能性もあるが、外部とのつながり自体に地域の活力を高める効果がある。

こうした動向を踏まえれば、単なる人口動態や高齢化率といったデータだけで「限界」や「消滅」を論じるのは早計だろう。ただし、待ちの姿勢では移住者や関係人口も獲得できない。まずは住民自身が主体的に地域の課題に向き合い、地元の魅力を高めていく姿勢が求められる。

その核となるのが、政府の「まち・ひと・しごと総合戦略」で地方創生の要に位置づけられた「地域運営組織」（RMO）だ。自治会などの住民団体のほか、NPO（非営利活動法人）、一般社団法人、株式会社など組織形態はさまざまだが、住民の暮らしを守る活動を基本としつつ、直売所運営や特産品開発などの経済活動に取り組む事例も生まれている。

総務省のまとめによると、RMOは18年度までに711市区町村で4,787組織が設立されており、政府が目標とする5,000組織に迫っている。主な活動内容として報告されているのはイベント運営や防災、高齢者のサポート（交流・声かけ・見守り等）、公共施設の管理などだ。

そうした活動の受け皿として住民の集う場が「小さな拠点」である。内閣府によると、19年５月末時点で533市町村の1,867か所に設置されており、施設としてはバス停留所、郵便局、役場の支所、公民館、道の駅、民間店舗や農協の施設などが使われている。

## ５．農協の役割と取組み

19年３月のJA全国大会決議は、JAグループが今後取り組む重点課題の一つとして「連携による『地域の活性化』への貢献」を掲げた。具体的には、農協の総合事業を通じて医療・介護・生活購買などのサービスを引き続き提供すること、自治体や他の協同組合、地元企業、RMOなどと連携して地域住民のニーズに応えていくことをうたっている。中央会・連合会についても、他組織と連携し「ライフライン店舗や移動購買車等の導入を支援する」と明記した。

また、同年12月に閣議決定された政府の「地方創生第２期総合戦略」は、小さな拠点やRMOを支える組織の一つに「農協」をあげている。このように、地域活性化の担い手として農協への期待は大きい。

連携の事例としてよく知られるのが、長野県飯島町田切地区の「(株)道の駅 田切の里」だ。地元の集落営農組織がJA上伊那（本所・伊那市）などと共同出資して16年に設立し、初代社長には同JAの元専務理事が就任するなど人的な結びつきも深い。地域住民のための移動販売車運行や高齢者の安否確認、御用聞き（買い物や困りごとなどの相談対応）、交流イベント開催などに携わり、同社が運営を受託する「道の駅 田切の里」が小さな拠点に位置づけられている。

滋賀県のJA滋賀蒲生町（本店・東近江市）は「蒲生地区まちづくり協議会」と提携し、祭りなどのイベント運営に参画。食材の提供のほか、除草や清掃活動にも協力している。農繁期には同協議会が住民を募って農家の収穫を手伝うなど、双方にメリットがあるという（19年3月7日付「日本農業新聞」）。

ほかにも集落内の購買店舗やガソリンスタンドの維持、特産品開発などで農協がRMOに協力する事例は多い。「協働」の相手はRMOだけではなく、漁協・生協など他の協同組合、行政や民間企業、NPO（非営利活動法人）などさまざまだ。

東京23区の南西部に位置するJA東京中央（本店・世田谷区）は典型的な都市型農協だが、都市農業が盛んな土地柄を生かし「子ども食堂」に食材（主に野菜）を提供している。子ども食堂は「子どもの貧困」や孤食（共働きやひとり親などの事情で、1人で食事をする）に対応し、ここ数年で全国的に広がった市民活動である。無料または低料金で子どもたちに食事を提供するが、最近は1人暮らしの高齢者らも対象とするケースが増えており、社会的に孤立しがちな人々の「居場所」づくりとしての意味も強まっている。

同JAは、食材の提供をきっかけに子ども食堂の運営団体でつくる「杉並子ども食堂ネットワーク」や杉並区社会福祉協議会の会合に参加するなど地域とのつながりを深めており「農家もやりがいとこだわりをもって取り組んでくれている」（JAの担当者）という。

1970年の全国農協大会で決議された「生活基本構想」には、農協が取り組むべき活動として、高齢者福祉と並んで「子どもの健全育成」も盛り込まれた。

少子化が進む昨今、子育ての悩みを相談する相手が周囲にいない母親も多く、そのサポートが重要度を増している。

写真　農協の遊休施設を活用した子育て支援センター「はだしっ子」

茨城県西部のJA北つくば（本店・筑西市）は08年、農協の遊休施設を活用した子育て支援センター「はだしっ子」（写真）を開設した。親子が一緒に参加し、さまざまな遊びや農業体験を通じてともに学ぶ場である。保育士から指導・助言を受けられるだけでなく、若い母親が子育ての不安や悩みを分かち合う仲間を得る場にもなっている。

心や体にハンディキャップを負う人々が農作業に参加する「農福連携」（農業と福祉の連携）も農協の役割が期待される分野の一つだ。人手不足に悩む農業現場と、社会とのつながりや生きがいを求める人々の双方にメリットがある。

長野県のJA松本ハイランド（本所・松本市）は、障害者雇用に取り組む就労継続支援事業所と農家を結びつけるマッチング事業を18年度から本格的に始めた。契約の主体は事業所と農家だが、同JAが作業メニューや単価を設定するなどして両者の橋渡しをしている。

## おわりに

社会学や政治学の分野に、社会関係資本（ソーシャル・キャピタル）という概念がある。「人々が持つ信頼関係やつながり」を無形の資産として捉える考え方だ。米国の社会学者R・パットナムらによると、社会関係資本が豊かな社会においては人々が協調的に行動するため、行政や経済活動の効率がよく、住民の健康状態や幸福感も高いとされる。

また、国内を対象とした滋賀大学と内閣府経済社会総合研究所の実証研究（2016年）では、社会関係資本が豊かな地域ほど、合計特殊出生率や女性の就業率が高く、逆に50歳時未婚率や高齢者の要介護・要支援認定率は低い傾向があることが確認された。つまり、人と人との信頼感やつながりが強い地域では、人口減少や少子高齢化の弊害も軽減しうるということだ。本稿で触れた地域包括ケアシステムや地域共生社会、RMO、地域おこし協力隊、子ども食堂等々は、いずれも新たな社会関係資本を創出する試みである。さまざまな属性を持った人や組織が立場を超えて結びつき、補い合えば、複雑化する地域の課題を克服する道が開かれ、思わぬ相乗効果も生まれる。たとえば、農協が子ども食堂に食材を提供することは、都市農業の振興や食育、生産者と消費者の提携などにもつながりうる。

今年３月31日、政府は新たな食料・農業・農村基本計画を閣議決定した。その大きな特徴は「地域政策の総合化」を打ち出した点にある。人口減少の最前線で苦悩する農村地域を維持するには、産業政策と地域政策の両輪が必要との認識が強調され、これまで農林水産行政とは別の文脈で推進されてきたRMOや小さな拠点、地域おこし協力隊などの諸政策とも連動していく方向を示した。

さらには「田園回帰」や「関係人口」など最近の潮流も踏まえ、さまざまな人と組織を結集して地域の総合力を高めていくビジョンが描かれている。

そこでは、農協も重要な担い手に位置づけられている。基本計画には「農業協同組合などの多様な組織による地域づくりの取組」を推進すると明記された。

協同組合は社会関係資本を体現する組織であり、とりわけ「生産」と「生活」を包摂する総合事業の長い歴史を有する農協は、地域づくりの核としてふさわしい存在だろう。未曽有の人口減少という難局を前に、その潜在力を最大限に発揮し、地域社会において不可欠な位置を占めることこそが「食と農を基軸として地域に根ざした協同組合」にとって最も重要な自己改革だと考える。

# 第2章

# 地域社会の持続性を支える農協の取組み

内田(うちだ) 多喜生(たきお)

## はじめに

JAおよびJAグループは、農業に限らず、地域の抱える諸課題へ対応し、地域が持続的な存在であるための基盤として多くの役割を果たしてきた。

本稿では、地域社会の持続性を支えてきたさまざまな取組みのうち、主に生活関連事業と生活活動について、総合農協の前身組織ともいえる産業組合から振り返りを始めたい。

## 1．産業組合と地域の社会・経済

第二次大戦後に誕生した総合農協は、その前身ともいえる戦前の産業組合の役割を引き継いだ部分が大きいとみられる。そこで、まず産業組合の地域社会との関係を振り返る。

### (1) 産業組合の事業形態と地域との関係

日本での実定法による最初の協同組合は、今から120年以上前の1900年に成立した産業組合法により設立された。この産業組合の目的は、下層・中産階級の経済状況の健全化と没落防止にあり、とくに零細な多数の農民が共同することで、経済活動を活発化させ、その地位向上と国力の増強を図ることを目指した。ただし、産業組合の組合員資格は職業の有無やその種類を問わず広く認められたため、組合員の対象は農業者に限らず広範なものとなった。そのことが、産業組合が地域住民の生活面に深く関与する背景の一つになったとみられる。

産業組合は、当初は信用事業単営が多数を占めたが、1906年の産業組合法改正により、信用事業と他事業の兼営が認められ、最終的には信用、販売、購買、利用の四種兼営の形態が多数を占めるようになる。兼営の背景には、戦前の地主制度のもと、多くの耕地がコメ生産に回されたうえ、零細な農業経営がほとんどで、販売物の種類は多いが量的には少なく、販売単営での発展が困難で他事業へ依存せざるをえなかったことがあげられる。また、信用事業との兼営は、事業を別々に行うよりも、四種兼営で行う方が、販売事業の売り上げが貯金になり、それが購買事業の代金決済や貸付資金、さらに組合の事業資金になるという経済的な合理性もあった。

この四種兼営は、とくに昭和恐慌期の社会不安を背景に農林省からも奨励されるが、これは産業組合を通じた農村救済の側面、たとえば、1932年から始まった農山漁村経済更生運動を実行するうえで産業組合の役割を重視したことも背景にあったとみられる。これらの施策は、市町

図表1　市町村数に対する組合数の四種兼営比率

（単位　市町村、組合、%、万人）

| | 市町村数 | 組合総数 | 市町村組合普及率 | 信用単営 | 四種兼営 | 農家組合員戸数の全農家戸数比 | 組合員総数（調査対象組合） |
|---|---|---|---|---|---|---|---|
| 1905年 | 13,532 | 1,671 | 12.3 | 59.0 | − | ・・・ | 7 |
| 1910 | 12,393 | 7,308 | 59.0 | 30.5 | 5.0 | （15年）19.3 | 53.4 |
| 1925 | 12,007 | 14,517 | 120.9 | 17.7 | 21.8 | 45.4 | 363.6 |
| 1940 | 11,114 | 15,101 | 135.9 | 4.4 | 79.8 | 94.8 | 770.9 |

資料　農業情報調査会『年表・図説で見る農業・経済・金融・JAグループ　歴史と現況』
JA全中『JA読本』　元資料：農商務部、農林省「産業組合要覧」

村、集落といった自治組織を通じて実行され、結果として、多くの集落は行政と産業組合それぞれの基礎組織の性格を持つにいたった。2018年度においても、総合農協の協力組織としての集落組織は12万を超えるが、そうした協同組合と集落との関係は同時期に構築されたとみられる。こうして産業組合は行政施策を担う役割も高まり、1940年時点でその数は15,000と市町村数をはるかに上回り、産業組合の農家組合員戸数は全農家の95％に達した。（図表１）

### ⑵　産業組合の生活関連事業と活動

当初、農村における産業組合は、農業面の活動、たとえば米および養蚕の共同販売や肥料の共同購入、農業融資等の事業活動に中心がおかれていた。

ただし、購買事業については、「産業または生計に必要なるもの」を取り扱うとされ、戦後の総合農協と同様に生活物資の供給もできた。さらに、1920年代以降、産業組合の中に現在の生協の前身となる組織も設立されるなど、都市部での消費組合活動も活発化し、図表２にみられるように、産業組合の購買事業では生活物資も大きく伸長していく。加えて、1921年の産業組合法改正で、利用事業として生産用設備だけでなく、

図表２　産業組合の事業推移

（単位　百万円、％）

| | 貯金 | 貸出金 | 販売品 | 購買品（含む兼営） | うち経済用品（生活物資）割合 |
|---|---|---|---|---|---|
| 1905年 | 0.4 | 1.5 | 1.35 | 0.51 | … |
| 1910 | 7.2 | 12 | 11.3 | 7.46 | … |
| 1920 | 224 | 189 | 127 | 158 | 32.3 |
| 1930 | 1,103 | 997 | 193 | 140 | 44.0 |
| 1940 | 4,170 | 1,124 | 1897 | 982 | 39.0 |

出所　農業情報調査会『年表・図説で見る農業・経済・金融・JAグループ　歴史と現況』
元資料：農商務部、農林省「産業組合要覧」
（注）信用事業を行わない組合を含む。

医療、産院、冠婚葬祭、公会堂などの生活用施設も認められ、農業生産と生活両面で、産業組合の地域での役割は非常に大きくなっていく。また、1925年には、“協同の心”を育む家庭雑誌として「家の光」が産業組合中央会によって刊行されるなど、文化活動の取組みにも広がりがみられた。

生活関連事業の中で注目すべき取組みの一つは、医療利用組合運動と呼ばれる医療事業である。これは、医師の都市集中等による農村部での脆弱な医療体制に対して、診療所や病院開設等、生活活動の一環として医療事業を産業組合が積極的に進めたもので、1919年に島根県青原村信用購買販売利用組合が診療所を開設したことが端緒とされ、各地に小規模な診療所が多数設立された。関連して国民健康保険法の制定にともない、産業組合は、国民健康保険の代行や、当時設置された保健指導や療養指導を行う保健婦の育成に乗り出していく。そのほかにも、相互扶助のため共同炊事所や季節保育所なども多数開設し、1941年度の秋季の季節託児保育所開設数は2,046か所に上った。

このように、戦前の産業組合は、農業に関連する事業に加えて、農村社会における課題全般にかかわる事業や活動も行っていたのである。

産業組合は、1943年戦時体制のもとで、農会と統合され、農業会となる。農会が主に担っていた戦前の公的な営農指導も農業会は引き継ぎ、四種兼営と営農指導を行う主体という意味で、戦後の総合農協の原型ともいえる組織となった。

## 2．総合農協と地域の社会・経済との関係<br>—戦後の高度成長期まで—

### (1) 指導事業を含む総合事業体制の確立

第二次大戦後、GHQ 当局と農林省の激しいやりとりの末、1947年に農協法が成立し、戦後の農協が出発した。農協は、農地改革により創出された多数の自作農により、より自立的な農業者の共同体としての性格を強める一方、先の産業組合と農会が統合してできた農業会の財産や人材の包括的な承継を行うことになった。また、現在に至る農協の基本的性格である一定の員外利用の許容と農家以外の地域住民も構成員となること（准組合員）、さらに、戦前の産業組合同様の信用事業を含む複数事業兼営の総合農協制度も継続されることになった。そして1950年代には、営農指導事業と農政活動をどの農業団体が担うかで大きな議論（1952年第一次、1956年第二次農業団体再編問題）があり、最終的に農協系統は営農指導事業に積極的に取り組んでいくことになる。

ここで戦後の農業技術指導を担ったもう一つの柱である公的な協同農業普及事業は、米国の農業普及制度を模範にしており、戦前の主に地主層を中心に組織された農会による営農指導とは性格が異なっていた。具体的には、①農業者が自主的に考え、普及組織がそれを手助けする、今でいうファシリテーターやオーガナイザー的な機能を持つ組織を目指したこと、②農業技術だけでなく、農村の生活全般の改善を目指したこと、③経営主だけでなく、農村の主婦、青少年も指導の対象にしたこと等である。農業生産だけでなく、生活面も含めた民主的でボトムアップ型の普及事業の導入は、総合農協の指導事業のあり方にも影響を与えた。

### ⑵　総合農協と農村の生活改善

戦後の総合農協は、設立後、食料危機の克服や農業基本法のもとでの農業生産力の拡大に著しい成果をあげていった。一方で、戦前の産業組合が果たしていた農村社会の課題に関係する生活関連の事業や活動の取組みは、食料生産の拡大という至上命題が優先されるなか、相対的に遅れていたとされる。ただし、戦後設立された総合農協は、戦前の産業組合を引き継いだ面があり、地域のために行っていた取組みも引き続き行われていた。たとえば、図表３は農

図表３　生活文化事業実施組合数

（1949年度）

| 調査組合数 | | 11,695 |
|---|---|---|
| | 共同炊事所 | 190 |
| | 託 児 所 | 261 |
| | 保健婦設置 | 290 |
| | 診療所経営 | 306 |
| | 理 髪 所 | 211 |
| | 浴　　場 | 31 |
| | 文　　庫 | 1,562 |
| | ミシン設置 | 402 |

出所　農林省「農業協同組合統計表」

協法施行間もない1949年における総合農協の生活文化分野での取組みである。共同炊事所や、共同保育所、保健婦の設置、診療所の経営など、地域における生活関連の事業や活動が総合農協でも取り組まれている。

なお、最も多いのは文庫の設置で、組合員への教育文化活動も引き継がれ、同年には、農村文化の向上に特別顕著な成績をあげている農協の表彰を行う、「家の光文化賞」も制定されている。また、総合農協における女性組織（当時は婦人組織）の全国組織（現在のJA全国女性組織協議会の前身組織、全国農協婦人団体連絡協議会）も1951年に結成されている。

ここで、1960年代初めまでの総合農協の生活関連活動の対応を川野・桑原・森監修（1975）、全国農業協同組合中央会編（1973,1980）等をもとに整理すると、1950年代初めの農協の婦人組織は、生活改善を目的の一つとし、生活改良普及員などと連携を保ちながら、台所改善、食生活の改善、保健衛生の普及、貯金増強・家計簿記帳の推進、施設の改善などを進めていた。つまり、公的な普及事業による生活改善の取組みが農協の婦人部組織を通じて実践されていた。

したがって、生活活動が農業面と並び、農協の重要な活動分野として意識されるのは、1960年の農協体質改善運動以降とされる。JA全中は、1962年の事業計画の重点として、生活活動の強化を取り上げ、同年10月には、生活改善部を設置する。そして、その具体的な実践のために、「生活指導員を養成し、生活改善の教育から始めていく」とした。

このように、総合農協による1960年代初めまでの生活関連における取組みは、当時、依然として大きく存在した都市と農村の格差を前提にした、生産者としての農家・農村の「生活改善」が前面に出たものであったとみられる。

### ⑶ 生活改善運動から生活活動へ
### —生産者であり、消費者である立場から—

1960年代も後半に入ると、農村社会には大きな構造変化が生じてくる。これは先行して始まった農村から都市への人口流出に次いで、都市から農村への人口流入も本格化したことが大きく影響している。1967年にJA

全中より出された「農協生活活動推進要綱」では、従来の農協運動が「生産に関する機能と貯蓄機関的役割を重視し、生活に関する機能を軽視した」ことを指摘するとともに、「農民の消費者としての立場はますます顕著になり、反面消費経済の分野での営利資本の攻勢はますます強まっている」とした。ここで農業者の生産者としてだけではなく、消費者としての側面から生活活動の強化を訴える方針が打ち出されることになる。

そして、1970年の第12回全国農協大会では、総合農協の生活活動を考えるうえでとくに重要とされる生活基本構想が決議される。これは、第11回全国農協大会で決議された農業基本構想と並んで戦後の農協運動の新しい路線を示したものとされている。

生活基本構想の背景にある1960年代後半の農山漁村社会は、高度成長期のさまざまな社会・経済問題が噴出した時代である。生活基本構想では、それら高度経済成長にともなう農村生活の具体的変化として、①農家生活および農村地域の都市化、②過疎化の進行、③農村人口の老齢化と農業機械事故、農薬中毒など農業者の健康障害の増加、④公害および危険の増大、⑤物価上昇と企業等の購買刺激による農村生活の主体性の喪失、⑥家庭内での人間的つながりと社会における人間的連帯の不安定化、など、現在の地域社会にも通じる課題を例示している。なお、生活基本構想に先行する形で、農協青年部でも1960年代よりこうした問題に対しての対応、たとえば、農機や農薬事故等の労災補償を求める運動や消費者との連携・理解を強める活動が始まっていたことを指摘しておきたい。

そのうえで、生活基本構想では、「農業近代化をすすめ、農業所得の維持・向上をはかる機能と同時に、生活をまもり高める機能とを、農協はともに発揮していかなければならない」とし、次頁の図表４にあるように九つの施策を列挙している。これらは地域社会・経済の持続性にかかる現在にも通じる課題として整理できる。

一つは、都市と農山村の社会・経済面でのインフラの格差や都市化にともなう生活リスクの拡大等の問題であり、それに対し、総合農協は、購買店舗や、就業機会の創出、教育環境・住環境の整備、公衆衛生の向

図表４　生活基本構想における農協が実施すべき主な対策

(1) 適正な情報の確保と教育相談機能の強化
・農協における教育・相談・活動の体系とその活動強化
(2) 健康をまもり向上をはかる活動
・組合員の健康管理体制の確立（健康教育、健康管理活動〔定期健診の実施、健康指導の実施等〕、事故防止、体力づくり〔農機事故防止、農薬安全使用等〕）
・農協医療施設の整備（連合会によるへき地医療対策等）、農村医学研究の強化
(3) 老人の福祉向上と子供の健全育成をはかる活動
・明るく豊かな老後生活の実現（共済・貯金による老後生活費の確保、就業機会の造成と就業援助、傷病の予防・治療〔老人のための家庭奉仕員派遣等〕、集会施設の整備・組織の育成、住環境の整備等）
・子供の健全育成と青年教育の推進（子供養育費の確保、子供の安全確保〔母親教室の開設や季節託児施設の整備等〕）
(4) 危険にそなえ、生活基礎をかためる活動（保障体制の拡充強化等）
・新しい生活保障の確立（「ライフサイクル」に合わせた長・短期の保障設計、基礎的貯金の造成と多様な保障需要の開発等）
(5) 快適な生活環境をととのえる活動
・地域開発計画の策定と行政における実施の促進（生活インフラの整備）
・生活総合センターの設置と活動強化（購買店舗、研修施設、給油所等生活関連施設の整備等）
・住宅供給活動の展開
・公害対策の組織化（公害対策の行政への要請、企業立地の公害排除、畜産公害への対策等）
(6) 消費生活をまもり向上をはかる活動
・消費者運動としての購買機能の強化（学習・教育活動強化、商品検査の充実、有利購買の実現、生協・漁協との連携強化等）
・生活物資流通の基盤整備（食品中心店舗設置、遠隔地対策移動購買体制整備等）
・生活物資流通体系の確立（連合会流通体系の確立、協同活動強化等）
・生活目的貯金強化、生活資金貸付強化（クレカ導入等）、キャッシュレスなど便宜を提供する機能開発等
(7) 生活をたのしみ文化を高める活動（農協が果たすべき役割として、農業近代化、家事労働合理化等）
・組合員学習活動の推進、各種グループの育成、文化運動・体育運動の推進、全国的な旅行・観光網と施設の整備等
・社会奉仕活動の組織化（長期農外就労留守家庭への援護、老人世帯への援護、敬老行事への寄与等）
(8) 適正な就業機会を確保する活動
・農協による就業機会の造成等、農村地域への工業立地にともなう対策、適正な労働条件確保等
(9) 適正な資産管理をはかる活動
・資産管理相談の実施、動産不動産管理、都市居住者への宅地・住宅の供給等

資料　JA 全中「生活基本構想」（1970年）より筆者抜粋整理

上、生活防衛のための貯蓄や共済の充実等の施策を実施すべきとしている。このように、農村からの人口流出が加速するなかでの生活環境の整備は、農村社会を守り維持していくうえでの重要な取組みであったとみられる。

次に、現在のジェンダー問題とも通じる農村社会における女性の自立・地位向上への取組みである。農村部から都市部への人口移動が急速に行われた農山村では、高齢化、過疎化により三ちゃん農業に代表される農業労働力不足が深刻化し、農家女性の負担が重くなる中、それを緩和する取組みと、それを通じての農村女性の自立、地位向上等が喫緊の課題となった。これらは、高齢者支援、子育て支援、家事分担の促進などの施策として取り上げられている。なお、同時期、生活改良普及員による、農家女性の地位向上を目指した家庭でのルールづくりを進める取組みも始まっており、この取組みは1990年代半ばより、農協を含む関係団体との連携のもと、家庭内で経営方針や役割分担、就業環境などを取り決める家族経営協定の推進に発展していく。

三つ目は、環境や健康問題である。1967年の公害対策基本法制定、1971年の環境庁の設置など、当時は日本全体で公害が大きな問題になり、農村の都市化・工業化が抱える問題が深刻化した時代である。注目すべきは、農薬被害や農機事故など、農業近代化の負の側面に対して、農協自身が問題意識をもって取り組む方針を示していることである。

さらに、そこには生産者の視点だけではなく、先の都市住民との混住化が進むなかでの生活者・消費者としての視点が加わり、安全で高品質な農産物への志向、その延長にある生協、漁協などとの協同組合連携も盛り込まれている。これらの連携の動きは、農畜産物の安心・安全性への生産者の関心の高まりにもつながり、その後農協による有機農業の取組み、有機農産物による農協生協間連携に発展する事例もみられた。また、生活者としての視点は農協女性部による農産物自給運動や直売所、学校給食への食材提供などに広がっていく。

## 3．安定成長期から1990年代までの動き

### (1) 生活活動は婦人部（現女性部）を中心に

生活基本構想の実践にあたっては、同構想の中の「生活活動展開のための体制確立と活動推進」において、生活活動組織の確立と、生活担当部門の確立・拡充に重点がおかれた。具体的には、農協内に生活部などの担当部を設置し、生活指導員が中心となり、地域の農家女性の組織化や生活班と呼ばれる新たな基礎組織づくり等を通じて進められた。それは、農業生産活動の分化により弱まった農村の集落機能を、新たなコミュニティづくりにより回復させる意味もあったとみられる。

そして、図表5にみられるように、1970年の生活基本構想前後から、生活関連の事業と活動が、それらを担当する職員とともに、大きく伸長している。この時期は、農家家計の伸びも大きく、農業生産の増大と、地域経済の拡大･活性化が平行して進んでいった時代で、それとともに、農協の生活関連事業と活動は概ね1980年代半ばまで順調に推移したとみられる。こうして総合農協は農業活動を担う主体としてだけではなく、農村の生活向上にも非常に大きな役割を果たしたといえる。

図表5　生活関連事業および活動組織等の推移（一部）

| | 集計組合数 | 生活指導員（人）（注2） | 女性部（婦人部）のある組合数 | | 購買店舗数（千） | 生活物資供給高（10億円） | 給油所数（千） | 保健・生活文化活動実施組合数 | | | | | | 参考 生活改良普及員（人） |
|---|---|---|---|---|---|---|---|---|---|---|---|---|---|---|
| | | | | 農協割合（%） | | | | 生活改善技術講習会 | 健康管理（教育・診断）（注3） | 老人福祉施設 | 共同炊事 | 文庫図書 | 葬祭・祭具（注4） | |
| 1965年 | 7,308 | 1,148 | ・・・ | ・・・ | 9.0 | 157 | ・・・ | ・・・ | (66) 597 | ・・・ | 367 | 884 | (66)312 | 2,320 |
| 70 | 5,996 | 1,735 | ・・・ | ・・・ | 10.3 | 331 | ・・・ | ・・・ | 1,469 | ・・・ | 322 | 526 | 568 | 2,225 |
| 75 | 4,765 | 2,052 | 3,799 | 80 | 9.9 | 881 | 4.5 | (76) 770 | (76) 2,322 | ・・・ | 140 | 452 | 910 | 2,025 |
| 80 | 4,488 | 2,571 | 3,797 | 85 | 9.0 | 1,498 | 5.2 | 1,265 | 3,008 | ・・・ | 141 | 536 | 1,118 | 1,960 |
| 85 | 4,242 | 2,882 | 3,690 | 87 | 8.4 | 1,855 | 5.5 | 2,550 | 3,314 | ・・・ | 163 | 627 | 1,392 | 1,892 |
| 90 | 3,591 | 3,125 | 3,120 | 87 | 7.7 | 2,021 | 5.6 | 2,343 | 2,889 | ・・・ | 128 | 563 | 1,412 | 1,773 |
| 95 | 2,457 | 3,021 | 2,178 | 89 | 6.2 | 1,918 | 5.2 | 1,424 | 1,808 | 26 | 96 | 309 | 1,051 | 1,612 |
| 2000 | 1,424 | 2,783 | 1,295 | 91 | 4.7 | 1,473 | 4.5 | 824 | 1,081 | 559 | 88 | 174 | 691 | 1,302 |

資料　農林水産省「総合農協統計表」「協同農業普及事業年次報告書」
（注１）「…」は調査なし　（注２）65年は、その他職員のうち生活改善に従事する職員
（注３）65、70年は健康診断　（注４）65、70、75年は冠婚・葬具

### ⑵　農政と農業構造の変化による転換期

こうした生活関連事業およびその活動は、前掲図表５にみられるように、1990年代後半以降に停滞する。それは1980年代後半からの農産物輸入自由化による国内農産物需要減とそれによる農家経済の悪化、また、モータリゼーションが進むなかでの他業態の進出による競争、さらに、後に失われた20年と呼ばれるバブル崩壊後の経済の低迷がそれらの事業や活動の継続に大きく影響したためとみられる。加えて、農業構造面では、戦後の日本農業を支えた昭和一ケタ世代の農業リタイアが本格化したことが影響したとみられる。都市より20年早く進んだとされる農村の高齢化、過疎化なども深刻さを増し、2000年前後より総合農協も事業面での転換にせまられ、とくに生活関連事業の再編が進められていくことになる。

このように非常に厳しい環境下で、総合農協は、生活関連事業の再編を組合員組織の理解を得つつ進めていった。農業および社会・経済の急速な変化が農村社会で進むなかで、個別の事業単位でみた場合、総合農協として事業継続が困難な地域が生じてきたといえる。一方、こうした総合農協の生活関連事業の再編等を契機に、いまでいう地域住民組織による地域運営組織や小さな拠点での地域共同販売店などの取組みが進んだ事例もあり、総合農協として、こうした地域の事業・活動に、いかに関与・支援していけるかが課題となった。

### ⑶　新たな課題へ取り組む生活活動

2000年代は農協を取り巻く環境が大きく変化する時代であったが、図表６のように、農協の女性組織は、高齢者向けの助けあい活動、子供への食農教育、地域ボランティア、協同組合間協同やリサイクル活動など、多様な活動を進めていった。

なかでも、地域の課題を解決するための特徴的な取組みが、1990年代後半からの高齢者福祉に関する活動である。すでに生活基本構想の中でも「健康の維持増進と老人の福祉向上」が課題に取り上げられていたが、85年第17回全国農協大会の「農協生活活動基本方針」決議で、高齢者福祉活動が基本方針により明確に位置づけられた。そして、92年５月の農協法改正により農協の高齢者福祉事業が法的に確立されたことで、94年第20回全国農協大会において事業と活動の両面で取り組む方針が決められた。

これを受け、JA グループ全体として介護ヘルパー養成が女性部を中心に進められ、2002年３月末で10万１千人のホームヘルパーが誕生した。またホームヘルパーを中心とする有償ボランティア活動推進のため「助けあい組織」の設置が進められ、組織数は2002年４月時点で963組織まで増加し、これらの取組みは総合農協が介護保険事業に本格的に取り組むうえでの契機となった。

## ４．2000年代以降の動き

ここまで高度成長期以降の生活関連の事業と活動がどう展開していったかについてみてきた。では2000年代に入り、これらの取組みはどう変化したのだろうか。

2005年度以降について、総合農協の生活関連事業・活動等の施設、取組み数等の変化をみたものが図表７である。

生活関連事業については、子会社化や譲渡等もあり、購買店舗や SS

図表６　農協の女性組織が取り組んでいる主な活動（複数回答、上位10項目、2009年度）

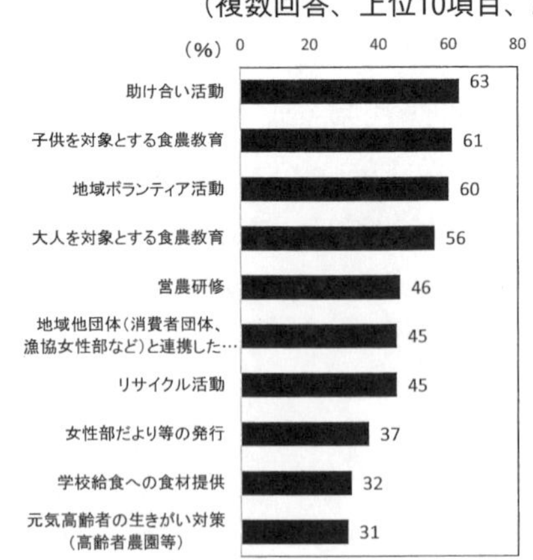


資料　JA 全中「2009年度全 JA 調査」、女性部のある660農協

などの施設が減少する一方で、直売所が増加している。介護保険事業への取組みは、訪問介護が減少する一方で、通所介護は増加し、また、JA 厚生連を通じた組合員を含む地域住民の検診は、高水準で推移している。生活指導員の直近の数字はないものの、指導員総数と営農指導員の増加率からみるとほぼ横ばいとみられる。

生活関連事業および活動に関しては、地域社会の構造変化のなか購買店舗数、給油所数にみられるように縮小するものがある一方、新たな課題である食の安全･安心等の多角化するニーズに直売所の増加で対応し、健康福祉面の事業活動も利用者のニーズに対応しながら維持している。

このように、生活全般にわたる多様な取組みは、濃淡はあるものの、地域から必要とされる機能に応じて維持されている。これは農業および生活にかかるあらゆる機能を持つ総合農協グループだからこそ可能になっている。2000年代に入り、昭和一ケタ世代農業者の高齢化と退出が急速に進むなど、厳しい環境変化のなか、総合農協がなにもしなければ地域社会がさらに厳しい状況に陥った可能性は高いであろう。

図表７　農協の生活関連事業・活動に関連する組織・施設等

| | 2005年度 | 2010 | 2017 | 17/05<br>増加率(%) |
|---|---|---|---|---|
| 集計組合数 | 886 | 725 | 657 | △ 26 |
| 集落組織(農協協力組織)(千) | 173 | 145 | 126 | △ 27 |
| 青年(壮年)部のある組合数 | 691 | 595 | 569 | △ 18 |
| 　組合割合(%) | 78 | 82 | 87 | 11 |
| 女性部のある組合数 | 843 | 683 | 630 | △ 25 |
| 　組合割合(%) | 95 | 94 | 96 | 1 |
| 営農指導員数(千人) | 14.4 | 14.5 | 13.7 | △ 5 |
| 生活指導員数(千人) | 2.2 | 2.1 | ··· | ··· |
| 指導員総数(担当業務調整後)(千人) | 15.6 | 15.9 | 15.1 | △ 3 |
| 購買店舗(千か所 ) | 3.7 | 3.5 | 3.3 | △ 12 |
| 直売所(千か所) | 1.2 | 1.5 | 1.5 | 28 |
| 給油所(千か所) | 3.4 | 2.2 | 1.8 | △ 47 |
| 葬祭センター(か所) | 386 | 492 | 594 | 54 |
| 訪問介護(組合) | 332 | 284 | 204 | △ 39 |
| 訪問介護実施組合割合 | 37 | 39 | 31 | △ 17 |
| 通所介護(組合) | 96 | 124 | 128 | 33 |
| 通所介護(組合) | 11 | 17 | 19 | 80 |
| 生活改善講習会(組合) | 532 | 410 | ··· | ··· |
| 健康管理(教育･診断) | 688 | 542 | ··· | ··· |
| JA厚生連生活習慣病検診(万人)(注2) | 347 | 337 | 311<br>(15年) | △10<br>(15/05) |

資料　農林水産省「総合農協統計表」、JA 全中「JA ファクトブック」、全中資料
(注)「…」は調査なし　(注２) 農協以外での実施も含む

## ５．今後の地域社会・経済の持続的発展と課題解決に資する役割

JA 全中がとりまとめたJA およびJA グループの活動報告書にあるように、約１万６千の拠点や多数の移動購買車・移動金融店舗車の配置、約２万人のJA 職員が支える消防団組織など、生活や社会インフラとして総合農協の役割は依然大きい。また、それはさまざまな地域社会・経済が直面する危機からの回復力（レジリエンス）につながるものである。たとえば、被災地に派遣されたJA グループ支援隊が2018年までに延べ１万６千人に上るように、想定外の大災害が発生した際、総合農協グループが果たす役割は非常に大きい。そして、近年毎年のように発生する大規模な気象災害でも、その復旧・復興にJA およびJA グループは大きく貢献している。

このように、地域社会・経済の持続的な発展と課題の解決に、総合農協は大きく貢献してきたし今後もその役割は重要である。ただし、その日常的なあり方は、地域の社会・経済環境によって、地域ごとに異なってくるとみられる。つまり、総合農協が従来通り主体となって取り組むことが持続性につながる地域もあれば、多様な主体との連携のもとで進める地域など、地域から必要とされる事業機能や役割に応じて、取組み方は異なるものと考えられる。たとえば、協同組合間の協同や、NPO・経済団体等、地域の多様な主体間が連携し、地域活性化に取り組むことも必要になろう。いわばより開かれた共助への展開である。現在、地方創生の担い手として期待されている小さな拠点や地域運営組織に関して、2019年６月閣議決定の「まち・ひと・しごと創生基本方針」の中では、連携の多様な主体の一つに農業協同組合が位置づけられている。そして、総合農協が地域運営組織や小さな拠点と連携することで、地域の社会・経済の持続性に果たしてきた役割や機能を、新しいかたちで再編・維持する動きもすでにみられている。

また、食と農を通じて地域社会の新たな課題を解決する取組みも指摘しておきたい。たとえば、子育て支援については、先に指摘したように総合農協では、前身ともいえる産業組合から長い歴史がある。そのうえ

で、貧困問題に留まらない、地域コミュニティの希薄化といった現代的な課題（福田（2020）参照）への対応として、子ども食堂への取組みがあげられる。また、農業の労働力不足と、障がい者の新たな就労機会の創出の取組みとしての農福連携についても、特別支援学校の生徒への農業実習や就労支援、社会福祉法人等の農業生産に対する営農指導や販売支援が行われている。

さらに、1970年の生活基本構想の柱の一つが、当時大きな問題となっていた公害から農村を守ることにあったように、地域の自然と生活環境を守ること、それは農業生産基盤を守ることにも通じ、食と農の果たす役割を理解してもらうための教育活動も含め、総合農協の大きな役割の一つである。それらを実行するうえでは、総合農協と連携・協力しつつ活動している集落組織や、女性部、青年部などの組合員組織に期待する点も大きい。総合農協は自身の活動に加え、これらの組織の取組みを支援・促進することも課題となろう。

## おわりに

これまで本稿でみたように、総合農協は、その前身ともいえる産業組合の時代を含めると、100年を超える歴史の中で、組合自身およびその組合員組織を通じ、地域農業はもちろんのこと、地域の社会・経済を支え、地域の課題解決のために取り組んできた存在である。現在盛んに持続性に関する議論が行われ、またそれに貢献することがあらゆる組織・事業体で問われているが、それは、これまで総合農協が地域の農業と社会・経済に果たしてきた役割と共通するものである。

農業や地域の社会・経済環境が大きく変化するなかで、総合農協が従来と同様の役割を果たすことは容易ではないが、本稿でみたように、変化に対応した新たな動きもみられている。今後も、総合農協には、時代時代に合った取組みを通じて、組合員組織や地域の多様な主体との連携により、地域の農業と社会・経済の持続性に果たす役割が求められよう。

（注）本稿は拙稿「総合農協が地域の持続性に果たす役割について」農林金融2020年３月号を再構成したものである。

参考資料（下記以外の参考資料については、上記拙稿参照）
・全国農業協同組合中央会（1970）『生活基本構想―農村生活の課題と農協の対策―』
・全国農業協同組合中央会編（1973）『農協生活活動読本』家の光協会
・全国農業協同組合中央会編（1980）『生活指導員の活動記録』家の光協会
・川野重任・桑原正信・森晋監修（1975）『農協経営全書第４巻　農協の事業Ⅱ　生活・地域社会建設』家の光協会
・JA 全中（2019）「JA の活動報告書2018」
・JA 全中（2020）「JA グループの活動報告書2019」
・JA 全中（2021）「JA グループの活動報告書2020」
・福田いずみ（2020）「子ども食堂の現状と JA の動向」『共済総研レポート』№167

# 他団体との連携・協働

# 第3章

# 農協と商工会・商工会議所との連携の実態と効果

尾中(おなか) 謙治(けんじ)

## はじめに

農協は、販売・購買や信用・共済などの事業によって、組合員・地域住民の営農や生活インフラを支えている。また、食農教育や体験農園・市民農園、交流活動、地産地消の推進などを通じて地域支援・貢献活動を行っている。さらに、農商工連携や6次産業化の推進、新規就農者の育成などを通じて農業振興・地域活性化に取り組んでいる。

地域・活動エリアが限定されている農協にとって、地域の人口減少や少子高齢化などによる地域経済・社会の衰退は、農協の組織・事業基盤の弱体化に直結する。そこで農協は、上記のような地域貢献・活性化などに取り組んでいるが、農協単独では人的、資金的、ノウハウ、活動領域などに限界のある取組みもある。そこで、農協と同様に地域を事業基盤としている地域密着型組織（商店街や宿泊業者、鉄道会社など）と連携して、地域活性化に取り組むことは、相乗効果が期待でき、各組織の強みを活用することができるので効果的かつ効率的である。

第28回 JA 全国大会決議（2019年3月）では、JA グループの目指す姿の一つとして「豊かでくらしやすい地域社会の実現」を掲げており、その重点課題を「連携による『地域の活性化』への貢献」としている。その中で、JA グループは、今後も地方公共団体や他の協同組合、農林漁商工業団体などの地域の多様な組織と連携しながら、地域から求められる役割を発揮することを明記している。

本稿は、地域密着型組織の一つである商工会・商工会議所と農協との連携に着目し、今後の有効な連携の実現に資することを目的として、現地調査を実施した９事例に基づいて連携の実態、連携の実現要因・成功ポイント、連携の効果・メリットを整理する。

なお、2017年５月19日に、全国農業協同組合中央会、全国森林組合連合会、全国漁業協同組合連合会、日本商工会議所、全国商工会連合会の全国５団体が「地域の実情に配慮しつつ、相互に連携・協力に努め、農林水産業並びに商工業の振興を通じて、豊かで暮らしやすい地域社会をつくり、もって地方創生を推進すること」を目的に、「農林漁業と商工業の連携を通じた地方創生の推進に関する協定書」を締結している。

本協定における連携事項としては、①全国の会員組織における相互連携の推進に関すること、②農林漁業および商工業の連携並びに６次産業化および販路開拓、製品開発等の推進に関すること、③地域資源を活用した産業振興や観光振興など地域経済の発展に関すること、④地域コミュニティの維持発展など地域経済・社会の活性化に関すること、⑤その他相互に連携協力することが必要と認められる事項に関すること、があげられている。

## １．農協と商工会・商工会議所の連携実態

農協と商工会・商工会議所（以下「商工会等」）の連携は、当該組織である場合と組織が仲介した構成員（組合員・会員）である場合があるため、組合せは、ⓐ農協と商工会等との連携、ⓑ農協と商工会等会員（主に商工業者）との連携、ⓒ農協組合員（農業者）と商工会等との連携、ⓓ農協組合員と商工会等会員との連携、の４パターンが考えられる（図表１）。

今回調査の対象は農協と商工会等との連携（図表１のⓐ）であり、概要は図表２のとおりである。連携の内容は、「地域課題解決型」と「地域振興型」の二つに大別できる。

地域課題解決型は、地域に表出している課題に農協と商工会等が連携

して取り組んでいるものであり、事例①は農漁業の労働力不足、②と③は買物弱者、④は町の中心部の衰退、に対応している。2014年版中小企業白書には、「地域課題を解決することは、地域における顧客の喪失や需要の減少を抑制するだけでなく、むしろ、地域活性化による恩恵を受けた地域住民の所得向上や生活環境の向上が、地域における新たな顧客の創造や需要を増加させることにつながり、その恩恵を中小企業・小規

図表１　農協と商工会・商工会議所との連携パターン

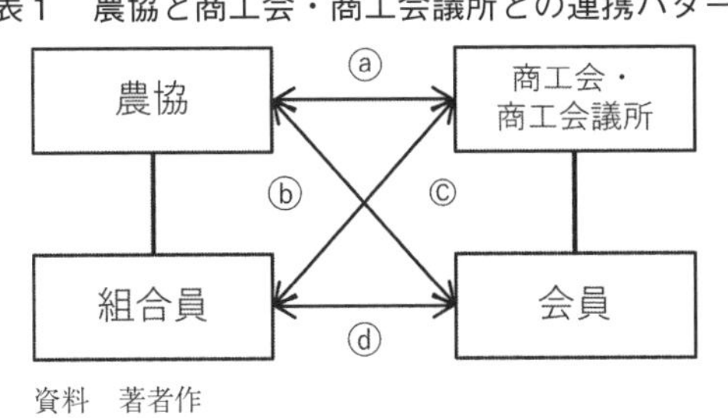


資料　著者作

図表２　調査事例の概要

| 事例番号 | 連携内容 | 都道府県 | 連携組織名 | 連携内容 |
|---|---|---|---|---|
| ① | 地域課題解決型 | 北海道 | オロロン農協<br>初山別村商工会 | 労働者派遣事業の支援（農漁業者の繁忙期に、村内の建設会社等[派遣元]の労働者を農漁業者[派遣先]に派遣） |
| ② | | 北海道 | 上川中央農協<br>愛別商工会 | 移動販売車事業、プレミアム商品券「くらし応援券」事業 |
| ③ | | 北海道 | 新冠町農協<br>新冠町商工会 | 買い物支援事業「らくらくにいかっぷ」（「宅配事業」と「移動販売事業」） |
| ④ | | 福岡県 | 福岡京築農協<br>苅田商工会議所 | 商店街に農協の直売所を開設 |
| ⑤ | 地域振興型 | 東京都 | 八王子市農協<br>八王子商工会議所 | パッションフルーツの六次産業化にあたっての連携 |
| ⑥ | | 新潟県 | 新潟市農協<br>豊栄商工会 | 「しるきーも」（シルクスイート）の商品化・ブランド化 |
| ⑦ | | 静岡県 | とぴあ浜松農協<br>浜松商工会議所 | イベント「軽トラはままつ出世市」の実施、6次産業化事業「浜松産の食材でヒット商品を作ろう！プロジェクト」の実施、農商工連携事業「ものづくりのまちの特性を活かした農商工連携」の実施 |
| ⑧ | | 愛知県 | ひまわり農協<br>豊川商工会議所 | 「とよかわフラワープロジェクト」＝生産量日本一を誇るバラを活用した地域活性化、農業・商工業の振興 |
| ⑨ | | 山梨県 | 南アルプス市農協<br>南アルプス市商工会 | 広報紙の相互連携、イベントの共同開催 |

模事業者が享受することができるという好循環を生み出し得る」と記述されている。

地域振興型は、地域を活性化させるために農協と商工会等が連携して取り組んでいるものであり、事例⑤と⑥は新たな農産物、⑦と⑧は既存の農産物を活用した新商品の開発・販売を通じて、地元農商工業者の所得向上と地域のブランド化を図ろうとしている。事例⑨は、農協と商工会議所の広報紙の相互連携を通じて、両者の関係・理解を深め、一層の地域活性化に取り組もうしている事例である。地域振興型の取組内容としては、6次産業化・地域資源を活用した商品開発、販路開拓、ビジネスマッチング、観光振興などがある。

農協と商工会等との連携のきっかけとしては、商工会等からの農協への提案・働きかけや地方自治体の仲介、農協が仲介した組合員と商工会等との連携（図表1のⓒ）から発展したもの（事例⑤、⑥）等がある。商工会等が主導したケースの場合、商工会等が連携にあたっての協議の場の事務局を担っている事例が多い（事例①、②、③、⑥）。

## 2．連携の実現要因・成功のポイント

農協と商工会等との連携が実現できた要因・ポイントは、すべての事例に当てはまるものではないが、1）農協と商工会等の管内が市町村区域と同一（事例③、⑤、⑦～⑨）、2）市町村がコーディネーター・調整役等として関与、3）連携に対する農協の経営層の理解・決断、4）共通目的の設定・共有、5）農協と商工会等の役割・責任の明確化、等があげられる。

4）の共通目的の設定・共有とは、連携にあたって相互で連携が必要な現状を認識し、ありたい姿・目的を共有することである。地域課題解決型の連携のケースでは、買物弱者や町の中心部の衰退対策を農協と商工会等の共通目的とし、地域住民の定住促進（転出者数の減少）等の共通目標を実現し、ひいては農協は組合員の所得向上、商工会等は会員の売上・利益拡大という組織ごとの目標の実現を図ろうとしている。

同様に、地域振興型の連携では、農産物を活用した新商品の開発・販

売を共通目的として、その商品の地域内外の消費を促すことに加えて、地域のブランド価値を高め、定住促進・交流人口の増加を促し、その結果、組合員および会員の一層の所得向上を目指していると考えられる。

農協および商工会等は、連携にあたって組合員や会員の直接的・短期的なメリットだけを追求するのではなく、地域全体を視野に入れた長期的な視点が必要であり、両者にその視点が欠けていると連携は難しい。

５）の農協と商工会等の役割・責任の明確化とは、両者が強みを生かした役割・活動を担うことである。農協は、生産者との連絡・調整や農産物の栽培指導、集荷・保管、商工会等への情報提供などを主体的に行っている。たとえば、事例⑥では農協が地域団体商標登録を取得し、農協に出荷されたものだけを「しるきーも」と名乗ることができるようにし、農協が品質管理・保管を行い、加工販売する商工会会員への原料の提供を行っている。商工会は商品開発やブランド化、販路開拓などの出口対策で強みを発揮しており、両者は共通目的の実現にあたって役割・責任を明確にして、一体となって取り組んでいる。

2020年版中小企業白書では、オープンイノベーションを成功させるために企業が重要と考えるポイントを分析している。これによると、重要なこととして「連携企業との事前の信頼関係」「明確なゴールの設定と共有」「自社・連携先の意思決定のスピードの速さ」「社内での専属チームの設置」をあげている企業の割合が高く、農協と商工会等との連携の成功ポイントとも重なるところもある。

## ３．連携の効果・メリット

農協と商工会等との連携による直接的な効果は、地域を土台とした新サービスや新商品が開発･販売されることである。それ以外の相乗効果･メリットとして、⑴地域における信頼感・安心感の醸成、⑵地域ブランドの向上と関与者の意識変革、⑶商店街の活性化、⑷農協と商工会等の関係強化、⑸新たなスキルやノウハウの習得、等があげられる。

### ⑴　地域における信頼感・安心感の醸成

買物弱者対策等の地域課題解決型の連携では、農協と商工会等、さらに行政が関わっていることから、地域からの信頼感、安心感、納得感が得られ、事業に対する公共性（地域にとって意義・メリットがあるもの）が高められている。

事例①では、農漁業者から労働者派遣の要望が出た要因として、商工会が事務局を務める労働力調整協議会に農協と漁協が参加していたことが大きい。事例②の、町内で使える「プレミアム商品券」の事業には、農協と商工会、町の三者が関わることによって、町内の農業者や商工業者、住民のそれぞれの立場が尊重・理解されているという認識のもと、地域住民等に安心感や納得感を与えている。

地域振興型の連携では、たとえば、事例⑦の浜松市内の目抜き通りでの「軽トラはままつ出世市」の開催や、事例⑧の「とよかわバラの日」の制定や祭典に対しては、農協と商工会議所とが連携した取組みであったことから、行政のバックアップが得られイベント等の開催ができたと推察される。

### ⑵　地域ブランドの向上と関与者の意識変革

地域振興型の連携は、基本的に地元農産物をベースにした商品を地域内外に提供することで、当該農産物・商品だけでなく地域ブランドを高めることにつながっている。一般的な農商工連携では、地域内外に与える商品の伝達力・影響力は農協と商工会等との連携よりも小さいと考えられる。事例⑤、⑥、⑧は一つの農産物を商工会等の複数の会員が加工販売、事例⑦は複数の農産物を複数の会員が加工販売しており、地域内外への情報発信力は強い。これによって地域のブランド化も図られ、それにともない生産者等のモチベーションの向上・意識変革も生じている。

事例⑧では、「とよかわフラワープロジェクト（以下「プロジェクト」）」によって地域内における「とよかわのバラ」の認知度を高めることに成功している。このようなプロジェクトの成果にともなって、当初からプロジェクトにかかわっていた農協の下部組織であるバラ部会のかかわり方も積極的になっていったという。たとえば、バラの日に約130品種のバラの展示をする企画を出し実行している。プロジェクトを機に、バラ部会では「何かをしたい」という意識変革が起こっている。

事例⑤では、連携によって市内の大学・専門学校、商工会議所の会員である菓子店や飲食店などの業者がパッションフルーツの商品開発や使用を通じて、八王子におけるパッションフルーツの認知度を向上させている。同時に生産者のモチベーションも高まり、さらなる新商品開発や連携、八王子の「ふるさと納税」の返礼品としての活用など、さまざまなことを計画している。

他の事例でも、農業者や商工業者の所得増や認知度の向上によって、農商工業者のモチベーションの向上につながっている。とくに若い農業者には刺激となっており、農家・グループによる直接販売が活発化したところもある。

事例⑨では、農協と商工会の意識変革が図られている。商工会が先行してフルーツのブランド化に取り組んだことによって、農協も追随して商工会と連携してイベント等を開催している。連携することによって、ともに高めあうというライバル関係が醸成され、両者が良い刺激を与え合っているケースである。広報紙の相互連携も、両者が読むことを意識することによって紙面のクオリティも高まっていくと考えられる。

### ⑶　商店街の活性化

農協と商工会等との連携によって、商店街が従来より活性化している事例が多かった。たとえば、事例④では、商店街の中に農協の直売所が開設されたことによって、商店街への地域住民の集客効果が高まり、従来にはなかった客層も集客している。当初は、農協直売所が商店街にある八百屋や肉屋などと競合するのではないかと危惧されていたが、商店街への来客数全体が増加し、既存店には新しい客層が、農協直売所には商店街の馴染み客が、顧客となっているケースもある。

事例⑤では、パッションフルーツの商品を商工会議所の会員である飲食店・小売店などが取り扱うようになり、試食会などのイベントも行われ､商店街の活性化が図られている。事例⑥の「しるきーも」の商品化･ブランド化も同様の動きがあり、商店街には「しるきーも」の専門店も誕生しており、商店街に刺激を与えている。事例②のプレミアム商品券は、商店街だけでなく地元消費を促進し、地域経済の活性化を促している。事例⑦の「軽トラはままつ出世市」のような農協と商工会議所が連携したイベントは、集客効果が高く、出店者の売上増加を促し、地域のにぎわい・活性化に貢献している。

### ⑷ 農協と商工会等との関係強化

連携をきっかけにして、農協と商工会等による地域活性化などについて話し合う場ができており、いくつかの事例では、地方自治体も加えた３者で同様のことが行われている。事例⑨の南アルプス市では三者による会合が月１回開催され、地域のさまざまな課題について話し合われている。

関係構築による効果として、1）相手の立場・問題意識が理解できたこと、2）両者から依頼をしやすくなったこと、3）地域での役割分担が明確になったこと、4）必要なときに連携できる準備が整ったこと、5）地域イベント・行事に対して両者から協力が得られるようになったこと、等があげられる。ネットワークの拡大を効果としてあげている組織も複数あり、農協を通じて農家とのネットワークができたという商工会等や、商工会等を通じて今まで交流がなかった学生をはじめとした学校（教育機関）や飲食店、企業などと連携できたという農協がある。

### ⑸ 新たなスキルやノウハウの習得

連携によって、農協と商工会等は互いにスキルやノウハウを習得することができ、新たな取組みの機会・発想の創出につながっている。

事例⑤では、クラウドファンディングのノウハウをもっているサイバーシルクロード八王子（以下「CS 八王子」。商工会議所と市が出資した任意団体）と農協が連携することによって、農協単体では発想できなかったと思われるクラウドファンディングを活用して、パッションフルーツの新商品開発を実現している。今後は農協でも農業者の資金調達や話題づくりにあたってクラウドファンディングが一つの選択肢として認識されるであろう。一方、CS 八王子は、農協から組合員である農業者を紹介されることで、以前よりも農家を訪問できるようになっている。

農協と商工会等との連携だけでなく、他組織と連携することは、新たなスキルやノウハウの習得が可能となり、新たな取組みや従来の取組みに広がりをもたせることができると考えられる。

## ４．外部組織との連携を通じた人材育成

農協職員（以下「職員」）は連携によって、上記のように商工会等との関係構築や新たなスキル・ノウハウの習得が期待できるが、それ以外にも人材育成面において以下のような効果が考えられる。

一つは、職員の農協への帰属意識の向上がある。商工会との連携にあたって、職員は“農協”の顔･代表として商工会等と関わることとなり、商工会等からは「農業に詳しく､農業者とのつながりの強い人」と評価･期待される。それに対して、職員には“農協職員”として適切に対応したいという想いや農業・農業者に一層詳しくならなくてはならないという義務感が生じる可能性が高い。それによって職員の“農協職員”としての社会的アイデンティティが強化され、農協職員としての誇りや愛着などが喚起される。離職防止などにもつながる。

次に、職員は連携を通じて農協としての役割・責任を引き受けることになるので、主体性の獲得が促進される。また、連携にあたってどのような方法があるか等を考える創造性を身につけることもできる。連携が実現した際には、自己効力感・仕事への自信を獲得することもできる。全体を通じて、コミュニケーション力などの能力向上も図られる。

さらに、異業種である商工会等との交流・対話によって、職員は農協の強みや課題などへの気づきが促される。古川（1990）は、「人は周りで起きることのうち、自分とかかわりが小さいもの、あるいは自分にとって不都合になりそうもないものについては、変化にとても鋭敏であるといえる。変化をすぐに感じてしまうとさえいってもよさそうである」

という。実際に農協を取り巻く環境変化や対応策などについて、農協自身よりもむしろ第三者・傍観者である商工会等の方が的確に捉えている可能性がある。商工会等から自組織のことを聞くことによって、職員自身では気づけなかったことに気づく機会は増大し、職員は広い視点から事業環境などについて把握することができるようになる。組織外部からの情報・知識の取り入れは、イノベーション創出のきっかけにもなる。

連携を担当する職員は、従来のOJT（On the Job Training：日常業務上で行われる訓練）やOff-JT（Off the Job Training：仕事を離れて行う教育訓練・研修）では身につけることが難しい、実践的な非定型業務を学習する機会を得ることができる。そして、組織外の情報・知識を組織内に浸透させるバウンダリー・スパナー（境界を往還する人）としての役割が期待される。外部組織との連携は、職員の成長、それを契機とした農協の業務改善やイノベーションを促す一因となる可能性がある。

## おわりに

地域の主力団体である農協と商工会等が連携することによって、単独で地域課題解決や地域振興に取り組むよりも大きな影響力を発揮することができる。農協をはじめとした地域密着型組織にとって地域経済・社会は事業基盤であり、連携・協力して地域の持続・活性化に関する取組みをしていくことが今後より一層求められるであろう。

一方で、連携をしたいが実現できていない商工会等からヒアリングしたところ、農協の課題として「チャレンジ精神が乏しい」「新しい取組みに前向きになっていない」「組合員のことしか考えていない」「長期的視点がなくなった」等をあげていた。農協と商工会等との環境認識や価値観は異なっているのが普通であり、それは組織間の壁となって存在している。そうした壁があるため、連携をしたいと考えている農協も商工会等も多いが、実際に連携している事例は少ない。両者が互いを理解する意識を持ちながら根気強く壁を乗り越えたり、壊したりすることが必要であり、それには時間がかかることを許容しなければならない。本稿の事例でも連携の実現までに時間のかかったものもあるが、そこから得た成果は大きい。

連携によって想定していた結果が必ずしも得られるとは限らないが、連携によって新たな情報・知識を手に入れることによって、何かしら自組織や職員に学習が促され変化がもたらされること自体が効果である。

現在の農協の事業・活動領域は、組合員のための農業関連事業、組合員を中心とした地域住民のための生活関連事業、それに加えて地域コミュニティを対象とした地域活性化関連事業まで拡大してきている（図表３）。それにともない、農協が必要とする人材も変化している、もしくは変化しなければならない。商工会等の他組織との連携は、変化に対応できる人材育成の一つの方法でもある。

地域活性化の取組みに限界を感じている農協は、商工会等との連携を視野に入れるべきである。商工会等の他組織と連携することは、地域課題解決や地域振興に効果的･効率的に取り組むことができるだけでなく、自組織の組織改善や改革のきっかけになることもある。地域経済・社会が衰退している地域では、今後も地域における農協の位置づけ・役割は高まり、拡大していくことが予想され、農協は新たな価値創造・イノベーションが求められる。その打開策の一つが商工会等の他組織との連携である。

図表３　農協の位置づけ・役割の変化

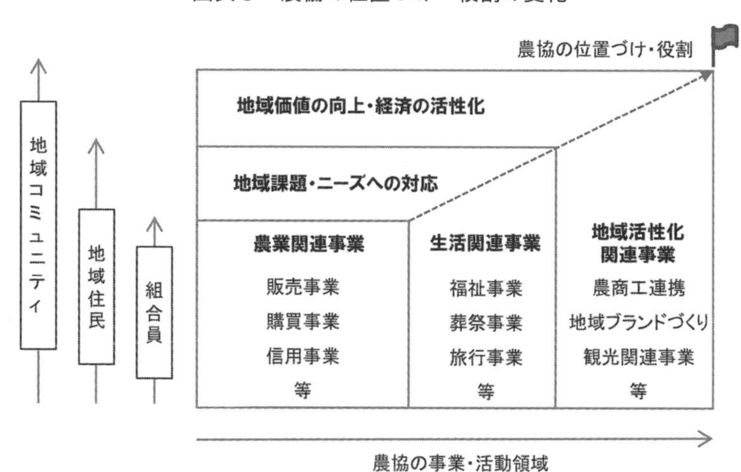

（注）本稿は尾中ほか（2019）の「農協と商工会・商工会議所との連携の実態（総括）」に加筆修正したものである。

（参考文献）
・石山恒貴（2018）『越境的学習のメカニズム―実践共同体を往還しキャリア構築するナレッジ・ブローカーの実像―』福村出版
・井上啓明（2017）「地域をつなぐ『バスの八百屋』」『運輸と経済』第77巻第９号
・尾中謙治（2018）「農協における他組織との効果的な連携と展開―農協と大学・鉄道会社との連携事例を通じて―」『農林金融』11月号
・尾中謙治ほか（2019）『農協と商工会・商工会議所との連携に関する調査』総研レポート30農金 No.8
・金井一賴（2016）「地域企業の戦略」『経営戦略〔第３版〕』有斐閣
・ゲイリー・ハメル（2013）『経営は何をすべきか－生き残るための５つの課題』ダイヤモンド社
・佐々木利廣ほか（2009）『組織間コラボレーション―協働が社会的価値を生み出す―』ナカニシヤ出版
・人材育成学会（2019）『人材育成ハンドブック』金子書房・中小企業庁「中小企業白書・小規模企業白書」
・日本商工会議所（2018）「商工会議所における農林水産資源活用の取り組みに関する報告書～地方創生の切り札となる農林水産資源活用 虎の巻～」
・古川久敬（1990）『構造こわし―組織変革の心理学―』誠信書

# 第4章

# アグベンチャーラボとJA

重頭（しげとう） ユカリ

## はじめに

AgVenture Lab（以下、「アグベンチャーラボ」という）は、全中、全農、全共連、農林中金、家の光協会、日本農業新聞、全厚連、農協観光のJA系統全国8団体によって2019年5月に開設された。アグベンチャーラボは、外部の組織等と連携しながら新たな事業を創出する拠点、いわゆる「イノベーションラボ」である。

ここでは、ラボのさまざまな取組みのうち、スタートアップ企業の成長を支援する「JAアクセラレータープログラム」について取り上げたい。スタートアップ企業とは、既存の企業が行っていないような新たな事業を開始した企業をさす。このレポートでは、そうした企業に対してアグベンチャーラボが行う支援は、実際にはJAや組合員の関与なくしては成り立たないこと、また、スタートアップ企業の成長を支援することがJAグループにもメリットをもたらすことについて説明してみたい。

## 1．アグベンチャーラボの概要

アグベンチャーラボの目的は、「次世代に残る農業を育て、地域のくらしに寄り添い、場所や人をつなぐ」ことである。スタートアップ企業やパートナー企業、大学、行政等と協創し、さまざまな知見やテクノロジーを活用しながら、新たな事業を創出したり、サービスを開発したり、社会の課題を解消したりすることを目指している。かつては新たな事業やサービスの創出は「自前主義」で行うのが一般的だったが、世の中の変化のスピードが速くなり、スタートアップ企業等、さまざまな外部組織と連携することが必要になっている。そうした連携の中で、組織の風土を変革していくことも設立の目的である。

テクノロジーといっても多種多様なものがあるが、アグベンチャーラボが対象とするのは、①農林水産業に関する「AgTech」、②金融サービスに関する「Fintech」、③食品に関する「FoodTech」、④暮らしに関する「LifeTech」、⑤地方創生に関するものの五つである。いずれもJAグループの事業や活動と深くかかわる分野である。

事務局に常駐するメンバーは26名である。東京・大手町のビル内に約1,200㎡のオフィスがあり、イベントやワークショップを開催するライブラリーホールが設けられている。各種のイベントや視察などで、コロナ禍の前には月間平均千人以上の来訪者を受け入れていたという。また、入館証が必要なエリアに設けられた会議室や作業スペース等は、JAアクセラレータープログラムに参加する企業も、プログラムの期間中は利用することができる。

## 2．JAアクセラレータープログラム

### ⑴　概要

「アクセラレーター」とは、日経新聞によれば、起業を目指す人や創業間もないスタートアップ企業を支援する企業や組織であり、支援の候補者を募ってから、会社を営む場所や設備を提供したり、起業経験者など専属スタッフが事業アイデアの具体化をサポートしたりする。

JAアクセラレータープログラムは、JAグループで展開する幅広い事業を対象に、食、農、金融、くらしなどにかかるビジネスプランを募集し、応募者の中から選ばれたスタートアップ企業に対して、JAグループの専門家等が各種の支援を行うものである。

日本国内には2020年に70以上のアクセラレータープログラムがあると

されるが[※1]、１次産業を主なテーマとするものは少ない。そのため「食と農とくらしのイノベーション」をテーマとするJAアクセラレータープログラムには、農業関連のスタートアップ企業からの応募が多い。

プログラムの具体的なスケジュールがどのようになっているのかみてみよう。第１期は、アグベンチャーラボ開設前の2018年12月12日に募集を始め、2019年１月17日と２月６日に事前セミナー・交流会を行い、３月20日に募集を締め切った。192件の応募があった中から、書類審査や面談で絞られた15社が５月29日のビジネスプランコンテストに参加した。コンテストでは、７社がプログラムに参加する企業として選定され、賞金として10万円が贈られた。その後６月から10月がプログラムの期間となり、10月25日にスタートアップ企業が期間中の取組みや成果を報告する「Demo Day」というイベントが開催された。

第２期も同じような流れで、161件の応募の中から残った14社が2020年５月18日のビジネスプランコンテストに参加し、８社が選定された。通常であれば、コンテストは応募企業や審査員、関係者が一堂に会して賑やかに行われるが、第２期は新型コロナウイルス感染拡大による緊急事態宣言下であったため、オンラインで行われた。プログラム期間中の会議等についてもほとんどがオンラインに切り替えられ、11月12日の「Demo Day」は少数の関係者で開催し、その模様を翌日からオンライン配信するかたちで行われた[※2]。

第３期は、過去２回を上回る211件の応募があった。書類審査等を経て絞られた15社のなかから2021年５月24日のビジネスプランコンテストで９社がプログラムに参加する企業として選定された。

※１　PRTIMES 掲載記事「国内アクセラレーター９団体が共同バーチャルオフィスを開設、担当者へ相談できるオフィスアワーを開催」2020年８月21日
※２　アグベンチャーラボの YouTube チャンネルで視聴可能。
https://www.youtube.com/c/AgVentureLab

## ⑵　参加スタートアップ企業

第１期、第２期のアクセラレータープログラム参加企業をまとめたのが図表１である。顔ぶれをみると、農業・漁業生産や経営管理、食品産

業に役立つ技術や、労働力不足の解消、家計の管理、地域振興を目的とするサービス等を提供する企業であることがわかる。企業にとっては、JA グループとつながりをもつことによって、そうした事業をより成長・拡大させたいというのがプログラムへの参加目的である。

より詳しく言えば、開発した技術を製品やサービスとして具体化したり事業として成り立つ仕組みを構築したりするための知恵を借りたい、農家や農業生産等の実情を把握して製品やサービスの改良につなげたい、実際の製品やサービスに購入につなげられるコネクションをつくりたいということになるだろう。

図表 1　JA アクセラレータープログラムに参加した企業

| 企業名 | | 事業内容 |
|---|---|---|
| 2019年（第1期） | アグロデザイン・スタジオ | 新しい農薬の研究・開発（農薬の有効成分の低分子化合物を創薬し、農薬会社にライセンスアウト） |
| | みらいスクール | 親子向けの各種体験を提供 |
| | おてつたび | 人手不足に悩む事業者と、地方で旅しながらお手伝いしたい人を結び付ける |
| | ACMS コンソーシアム | 生簀クロマグロの尾数をリアルタイムで数える新しい計測システムを開発 |
| | Inaho | アスパラガス等の野菜の自動収穫ロボット（レンタル）を中心とした生産者向けサービスの提供 |
| | アクプランタ | 植物を熱・乾燥・塩害から守る酢酸ベースのバイオスティミュラント製品「スキーポン」の製造・販売 |
| | Osidori | 家族のお金、個人のお金をまとめて管理できる、共働き夫婦に適した家計簿・貯金アプリを提供 |
| 2020年（第2期） | グリーンエース | 野菜粉末の提供、野菜粉末を用いた商品開発のサポート |
| | テラスマイル | データ活用による営農支援サービス「RightARM」の提供、営農支援コンサルティング |
| | トルビズオン | ドローンのユーザーと土地所有者が上空使用権を取引する「sora:share」サービスの開発・運営 |
| | シェアグリ | 農家や農業法人へ最短3か月から特定技能外国人を派遣 |
| | アグリハブ | 農薬検索・散布管理、農業日誌作成、売上管理ができるスマホアプリを提供 |
| | マイプロダクト | 地域の手仕事に特化した、産業観光プラットフォーム「CRAFTRIP」を開発 |
| | アグリスト | AI・人工知能を搭載した農業ロボットの開発 |
| | CuboRex | 農地や雪上など悪路環境での乗り物や運搬器具の開発・製造 |

資料　日本農業新聞「ラボが生む革新 連携企業の挑戦」2019年８月、2020年８月、各社ウェブサイトを参考に作成

### ⑶　スタートアップ企業の支援体制

これらのスタートアップ企業を支援するための体制は、どのようになっているのだろうか。

アグベンチャーラボは、ゼロワンブースターという起業家等の事業創造支援を専門に行う企業と提携している。同社は自身も起業家等を支援しているほか、豊富な経験を生かして、アクセラレータープログラム等を運営する大企業への支援も行っている。JAアクセラレータープログラムに参加する企業は、アグベンチャーラボを通じて、ゼロワンブースターの専門家の協力を仰ぐこともできる。

また、同社に登録している専門家以外にも、アプリ開発といった技術面の専門家、法務、経理・財務、労務等の専門家、マーケティングの専門家等がメンターとしてJAアクセラレータープログラムに参加しており、それらの人からの助言を得ることもできる。

プログラム期間中は、全社に対して上記のような外部専門家４名と、１社あたり２～３名の「伴走者」が、スタートアップ企業のサポートを行う。月に１度、スタートアップ企業、アグベンチャーラボの事務局、伴走者、外部専門家等が集う定例連絡会が行われるが、2020年はオンラインに切り替えられた。オンライン会議のメリットとしては、国外にいる専門家にもレクチャーを受けたり相談したりできること、地方のスタートアップ企業の移動の負担が減ること等があげられよう。

筆者が傍聴したオンラインでの定例会では、最初にブラジル在住の起業家からスタートアップ企業が国外進出を行う可能性についてのレクチャーがあった。その後、オンライン上で各専門家を中心とする少人数のグループをつくり、専門家に技術的な質問をしたり、マーケティングやプレゼンテーションの方法についてアドバイスを求めたりできる時間が設けられ、活発なやり取りが行われていた。

こうした定例会に加え、各企業と伴走者の間では週次の会議も実施され、情報の共有や取組みの進捗状況の管理が行われている。

ここで、全農、農林中金の職員が務める「伴走者」について少し詳しく紹介したい。

全農、農林中金では、伴走者になりたい人を職員から募集し、面接等により選定している。農林中金では過去２回は応募者数が定員数を上回ったとのことだが、選抜するというよりは、同じ部署に集中しないような調整を行って決定している。というのも、伴走者は従来の業務も行いながら、伴走者としての業務にもあたっているからである。基本的には本人の希望に基づき、どの企業の伴走者となるかが決まる。これらの伴走者は、全農、農林中金はもちろん、そのほかの全国団体や県連、JAのネットワークを生かしながら、スタートアップ企業に必要な情報を提供したり、人を紹介したり、試行･実験ができる場所を提供したりする。

つまり、スタートアップ企業とJAグループとの橋渡し役ともいうべき役割を果たす。しかし、ただ伴走者が一方的に企業を支援するという関係ではなく、両者は一緒に汗を流しながらともに成長していく関係にあると考えられる。この点については、後で詳しく説明する。

## ３．スタートアップ企業とJA・組合員とのかかわり

次に、スタートアップ企業がアクセラレータープログラムを通じて、どのようにJAや組合員とかかわりをもっているかを、具体的な例をあげながら紹介してみたい。

### ⑴　おてつたび

#### a．事業の概要

おてつたびは、プログラム第１期の参加企業である。同社は、2018年7月に創業し、人手不足で悩んでいる旅館や農家等と、そのお手伝いをしながら旅をしたい若者らとをマッチングするサイトを運営している。創業者である永岡里菜代表は、地方の事業者に単に働き手を紹介するだけでなく、働き手となる若者達が地域の人との触れ合い等を通じてその地域の魅力を感じ、また訪れてみたいと思うような関係性をつくることを重視している。おてつたびのサービスによって、事業者は人手不足という問題を解決し、地域には訪れる人が増え、若者達は旅費や滞在費をまかないながら通常の旅行よりも地域の人と深く関わる経験ができると

いうのがポイントである。

応募者がお客様気分で参加したり、逆に事業者が単なる労働力の確保と考えたりすることがないよう、事前にそれぞれに対して趣旨を説明する機会を設けている。応募者に対しては、楽しさだけを求めるのであればむしろお金を払う必要があり、お金をもらうからには真剣に働く必要があること、募集先に対しては、人手を必要とする繁忙期なのだからおもてなしをする必要はないが、周辺のおすすめスポットを教えてあげるぐらいはして欲しいと伝えているという。

おてつたびのウェブサイトをみると、「おてつたび先」として旅館や農園の写真が並んでおり、クリックするとより詳しい情報を見ることができる。募集する日程や人数、お手伝いの内容、宿泊施設、持ち物、食事（自炊可能、賄いが出る）の情報、お手伝いによって得られる金額の概算のほか、受入れ先となる施設や募集者の写真、周辺のおすすめスポットの情報も掲載されている。基本的に宿泊場所は受入れ先が提供するため、お手伝いによって得られる資金で交通費等の費用をまかなうことが想定されている。永岡代表によれば、応募者は得られる金額の多寡よりも、受入れ先の様子に注目して、応募する先を選ぶ傾向があるという。それは、単にお金を得るためであれば居住地でアルバイトをすればよく、お金よりも受入れ先での経験を重視しているからである。

b．JAアクセラレータープログラムでの取組み

おてつたびの設立当初は、旅館など宿泊業者が主な募集先だったが、農業では利用できないのかという問い合わせを受けることが多く、農業分野にもニーズがあると感じていたという。JAアクセラレータープログラムに参加したのは、そうした声もあって農業での受入れを始めた前後であった。プログラムへの参加を通じて、農家の実情を知り、農家が使いやすいようなサービスを提供したい、とくにJAは農家と強い信頼関係があるので、JAを介することによってITが得意ではない農家の人にも利用してもらえるようにできればと考えていた。

プログラムの期間中には、おてつたびの伴走者となった全農や農林中金の職員が、支店や自らの伝手などさまざまなルートを使って、興味が

ありそうなJAを探した。その結果、期間中にJA紀の里、JAおいらせ、JAおきなわとの協働に結びつけることができた。

JA紀の里では、JAの直売所「めっけもん広場」の繁忙期に接客、品出し、商品管理、荷造り、イートインの手伝いをしてくれる人を募集した。永岡代表によれば、実際に直売所に行った学生は、地域で多くの農産物が生産されていることに大変感動していたという。JAおきなわでは、南大東島でサトウキビの収穫、資材の運搬、豊年祭の手伝いをする人を募集した。またJAおいらせは、複数の農家をJAがとりまとめ、ごぼうの収穫、選別の作業をしてくれる人を募集した。実際に参加した人の中には、就農に興味があって応募したと話す人もいた。

c．成果と今後の展開

プログラムの期間中に実現したのは上記の3JAでの取組みであったが、その後、協働する先は増えている。おてつたびのウェブサイトには、「おてつたび× JAコラボ」というコーナーが設けられ（写真1※3）、興味があるJAは申込みできるようになっている。上記3JAについて新聞記事やウェブサイトで知った他のJAから照会があり、JAえひめ南、北海道のJAつべつ、岐阜県のJAめぐみのとも連携が始まった。

アクセラレータープログラムの期間は約5か月と限られているため、数多くの取組みを行うことは難しいが、期間中に実現した先行事例が他

写真1

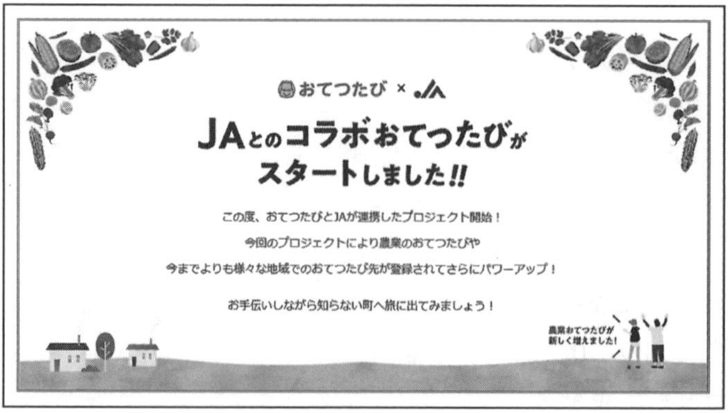

のJAの関心を高めることにつながった。また、JAとかかわりがあるということは、個別の農家や地方自治体からの信頼感の醸成にも役立つという。永岡代表の言葉を借りれば、アクセラレータープログラムに参加したことは、おてつたびの農業分野での受入れ拡大のロケットスタートにつながった。

JAにとっても、おてつたびの利用は農業分野の人手不足を解消する一つの手段になりうる。組合員である農家におてつたびのサービスを紹介するほか、JAであればITが得意でない農家をとりまとめておてつたびにつなぐこともできる。加えて、人手が不足しているJA自身の施設を募集先とすることもできるだろう。

利用者の中には、お手伝いした地域の農産物を購入するようになった人がいたり、食材である農産物をよく知りたいと参加する料理人がいたり、前述のとおり就農を希望する人がいることもあり、幅広い意味で地域の農産物や、農業の振興にもつながると考えられる。

なお現在のコロナ禍においては、募集先に対しては、応募者の居住地を同一県内､同一地方内に限定することができるような工夫もしている。以前はおてつたびで募集をかけていた先が一時利用を控えるといった影響はあるものの、それ以上に口コミなどを通じて新規の農業分野の募集先が増えているという。旅をしたい人の応募数が募集人数を超え、すぐに枠が埋まる状況が続いているとのことである。

※3　おてつたびウェブサイト　https://otetsutabi.com/features/ja（2021年5月14日最終アクセス）

## ⑵　Agrihub（アグリハブ）

### a．事業の概要

アグリハブは、個人農家向けの農薬検索、利用履歴管理、売上げの管理、作業記録の作成のためのスマートフォン用アプリである。アプリの開発者である伊藤彰一代表は、2016年に東京調布市で家業である農業に従事するようになった。1ヘクタールの農地のうち0.3ヘクタールを貸農園としており、0.7ヘクタールでミニトマト、トウモロコシ、枝豆、ブロッコリー、キャベツ、サトイモ等を栽培し、JAの直売所や、学校給食、近隣のスーパーやレストランに卸している。

伊藤代表は、就農してすぐに、利用できる農薬を調べたり作業日誌をつけたりするのに手間がかかりすぎると思い始めた。栽培している作物に対して、膨大な数がある農薬の中からどれが使えるかを一つひとつ冊子で調べて、使用履歴を用紙に記入して提出するのは不便だと感じたのである。

農業用のアプリもあるにはあったが、多品目を栽培する個人農家が使うのには適していないと感じたため、就農前にIT企業で働いていた経験を生かし、2017年に自身でアプリを開発することにした。アプリの基本的な機能は８か月ほどで完成したが、操作や表示の方法がわかりにくいと感じ、デザイナーを入れて、よりシンプルでわかりやすくなるよう１からつくり直した。家に帰ってパソコンを立ち上げて作業しなくても、圃場で農作業をする際に数回クリックするだけで、農薬の情報を調べたり作業日誌をつけたりできるというのがポイントである[※4]。そうして改良を重ねて完成したアプリは、2018年９月にリリースされた（写真２[※5]）。

※４　アプリの詳細については、参考文献にあげた伊藤代表のレポートを参照されたい。
※５　アグリハブウェブサイトからダウンロード可能。https://www.agrihub-solution.com/（2020年11月４日最終アクセス）

写真２　AGRIHUB画像

b．JAアクセラレータープログラムでの取組み

アプリをリリースして１年ほど経過し、次のステップに進みたいと思っていたときに、JAアクセラレータープログラムの第２期の募集をみて参加しようと思った。アクセラに参加して実現したいと期待したのは、JAと連携しての農薬使用履歴情報提出の効率化と、全農の営農管理システムZ-GISとの連携である。

前者に関しては、伴走者がさまざまな伝手をたどって試行導入を行うJAを探した。新型コロナウイルスの影響もあってあまり遠くには行けないという制約があるなか、全国連職員の紹介により、JAうつのみやで試行できることとなった。イチゴを栽培する農家にアグリハブのアプリを利用して農薬の使用履歴をつけてもらうとともに、JAに対しては、農家からデータの提出を受け、そのデータを管理できるシステムを提供した。

これまでは、３枚つづりのカーボン複写用紙に農家が農薬の使用履歴を手書きで記入し、手渡しないしはファックスでJAに提出、JAはそれを一つひとつチェックして保管するという方式を取っていた。今回の実証実験では、農家だけでなくデータを受け取る側のJAも大幅に手間を減らすことができ、チェック作業にかかる時間は９割以上削減できたという。データの管理も容易になり、みんなが「こういうのが欲しかった」と満面の笑顔になっていたのが印象的だったという。

アグリハブのユーザーからのリクエストがあったZ-GISへのサービス提供も、プログラム期間中の10月末に実現した。Z-GISは、エクセル上で管理するデータを地図に落とし込めるのが強みであり、肥料の量や収穫量など、面積に紐づくものを管理するのに向いているが、農薬の散布回数や作業履歴の登録など細かい情報の蓄積はアグリハブの方が簡単に行うことができる。それぞれの強みを生かせるよう、アグリハブのデータをエクセルで取り込み、Z-GISからアグリハブWeb版を起動して利用できるようにした。

c．成果と今後の展開

伊藤代表によれば、JAアクセラレータープログラムに参加しているからこそJAでの試行も可能になったが、単独ではそうした取組みにこ

ぎつけるのは難しかったと感じているとのことである。また、プログラムに参加しJAグループの支援を受けているという事実が、グループ外の企業等にも信頼感を与えているという。

アプリの利用者は順調に増えており、筆者がヒアリングをした2020年10月末には、アプリをダウンロードして登録している人の数は8,500人、定期的に利用者している人の数は5,000人になった。45歳以上のユーザーが３割以上を占めているが、利用方法をPRしていないにもかかわらずこの割合を占めるのは、操作方法がシンプルだからだろう。

伊藤代表は、農業のIT化は他産業に比べて遅れており、アプリ等もなかなか現場の実情に合ったものが出てきていないと感じている。農業界でももっとITを普及したい気持ちがあるため、農家向けのアプリから利用料をとるつもりはないのだという。

今後は100万人の農業者の約３割のシェアを獲得することを目指すとともに、農家から提出される農薬の使用履歴を管理する側（JA等）へのシステムの普及を図る予定である。すでに、複数のJAと実運用に向けて協議中とのことである。煩雑な事務作業の時間を減らすことができれば、農家もJAも他の作業に時間を使うことが可能になり、また、アプリを通じて蓄積したデータは農業経営の発展のために活用することができると考えられる。

## ４．おわりに

ここまで、アグベンチャーラボのJAアクセラレータープログラムに参加するスタートアップ企業から２社を取り上げ、プログラム期間中にどのような取組みを行ったのかを紹介した。ラボを設立したJAグループの八つの全国連を通じて、JAや組合員にも協力を仰ぎ、スタートアップ企業の事業や経営を発展させるためのさまざまな支援を行っている。ここで紹介した企業以外においても、第２期プログラムの「Demo Day」での報告からは、JAグループとのさまざまな連携が生まれたことがみてとれる（53頁※２参照）。

スタートアップ企業は、働き手が創業者本人だけ、あるいは社員がいても少数ということが多く、プログラムに参加し外部の専門家や伴走者等の手や知恵を借りることが事業に弾みをつけることはみてきたとおりである。また、アクセラレータープログラムに参加していることやJAグループと関わりがあるという事実が、スタートアップ企業の信頼度の向上にも貢献するという間接的な効果もある。

他方、こうしたスタートアップ企業の成長は、JAグループや組合員にとってもメリットがある。スタートアップ企業の事業は、農作業の効率化や人手不足の解消に資するものも含まれ、これまで存在しなかった新しいサービスが発展すれば、組合員が抱える課題解決に資する可能性がある。実際、おてつたびの永岡代表も、アグリハブの伊藤代表も、プログラム期間中に試行導入した農家やJA職員の笑顔を見られたという話をしていた。

さらに、JAグループにとっては、スタートアップ企業とかかわることが組織のイメージを刷新したり、組織風土を変革したりする契機にもなりうる。組織風土の変革は、ラボ設立の目的の一つでもあるが、スタートアップ企業の伴走者からのヒアリングをもとに考えると、主に以下の経路から促進されているようである。

一つはスタートアップ企業から直接的に受ける刺激を通じてである。スタートアップ企業が新しい分野に果敢に挑戦する姿、経営者としての姿勢、意思決定のスピードに触発されたという意見が共通して聞かれた。

スタートアップ企業の代表らが奮闘する姿を見て、応援したいという気持ちが湧いただけでなく、自らの業務の中でも積極的な姿勢をとろうと考えるようになったという声があった。また、「あなたが代表だったらどうしますか」とスタートアップ企業の代表に聞かれ、経営者的な観点から物事をみるようになったという声もあった。

IT分野の進歩の速さや組織規模の違いから、スタートアップ企業の意思決定のスピードには驚くことが多いようである。一方で、その違いを実感したうえで、逆に自らの組織が重視するのであれば、必要な調整には時間をかけたほうがよいと感じた伴走者もいた。スタートアップ企業と触れ合うことが、自らの業務や組織のあり方を見直すことにつながっている。

二つ目は、スタートアップ企業の支援のためのJAグループ内組織間連携からの刺激である。伴走者からは、スタートアップ企業の仕事の進め方だけでなく、JAグループの他組織の仕事の進め方も非常に参考になったという意見が聞かれた。これまでJAグループの全国団体が恒常的に一堂に会する取組みはあまりなかったと思われるが、スタートアップ企業の支援のために協力するなかで、組織間の相互理解が進むという効果もあるようである。

加えて、2020年はコロナ禍により実際に会って会合を行うことが難しくなり、第2期のプログラムはスタート時点からほぼオンラインに切り替えられた。そのような状況においても、スタートアップ企業と伴走者には強い結束力が生まれているとのことであり、新しいコミュニケーションの仕方を身につける場となっている様子もうかがわれる。

上記を含めて、伴走者は、通常の業務とは全く違う業種の経験ができ、研修ではなく現在発展中の事業に対してトライアンドエラーを繰り返すという得難い経験ができたと感じ、その経験を今後の自らの業務に生かせると考えている。

以上のことからは、JAアクセラレータープログラムは、JAグループがスタートアップ企業を支援するという一方向の関係ではなく、JAグループとスタートアップ企業がともに手を携えながら成長する機会になっていると考えられる。

参考文献


・伊藤彰一「栽培管理アプリ「アグリハブ」を農業基幹システムへ～栽培管理をデータ化し、ビッグデータを構築」JA経営実務増刊号、2020年9月
・日本農業新聞連載記事「ラボが生む革新　連携企業の挑戦」2019年8月全7回、2020年8月全8回
・JAcomウェブサイト記事「日本の農業基幹システムめざす　アグリハブ伊藤彰一CEO【JAアクセラレーターがめざすもの】」2020年8月21日
・JA全農ウィークリー「インタビュー（株）おてつたび代表取締役CEO 永岡里菜さん人手不足の時代に「働きに行きたい」環境づくりを」2020年2月3日

# 新たな課題への挑戦

# 第5章

# スマート農業にかかわる生産者組織とJAの役割

小田(おだ) 志保(しほ)

農業の労働力不足を背景に、スマート農業への関心が高まっている。国は巨額の予算を投じ、先端技術の社会実装を急ぐ。しかし、先端技術といえども手段に過ぎず、スマート農業でも人、すなわち技術を使う農業者の能力、また営農や経営を判断する意思決定は重要である。

さらに日本では、圃場の水管理を共同で行い、小規模圃場が互いに密接し影響しあう。こうした農業構造から、個々の農業経営は独立するより、組織の中で協調し行動する。その中で生産者組織やJAの関与するところは大きい。

したがって、スマート農業でも農業者の能力や意思決定と、それへのJAや生産者組織の関わりが注目される。この章では、JAを含む生産者組織がスマート農業の導入に関与した事例を取り上げ、そこでの生産者組織やJAの役割を考察したい。

## 1. スマート農業における生産者組織の重要性

### (1) 国によるスマート農業の振興

スマート農業関連の技術開発の開始は1980年代にさかのぼる。80年代から自動化農機等の技術開発が、さらに90年代後半にはGPS※1による測位情報の活用に関する研究が開始していた。

しかし、スマート農業という言葉が頻繁に用いられるようになったのは最近であり、内閣府の「戦略的イノベーション創造プログラム（SIP）」によるところが大きい（寺島、2019）。SIPとは、13年に閣議決定された「科学技術イノベーション総合戦略」と「日本再興戦略」に基づく、府省・分野を超えた横断型のプログラムである。

SIP第１期（14～18年度）の11課題のうち「次世代農林水産業創造技術」には、５か年で150億円程が投じられた。この課題の二つの重点目標のうちの一つが、「日本型の超省力・高生産なスマート農業モデル」である。国産のゲノム編集技術が進んでいる水田と施設園芸において、ロボット技術、ICT等の先端技術の実証に取り組み、環境と調和し、超省力・高生産のスマート農業の実現が目指された※2。

現行のSIP第２期（18～22年度）では、農業・バイオ分野として「スマートバイオ産業・農業基盤技術」に、各年度30億円の予算が投じられている。これは、ICTプラットフォームを基盤に、食素材の開発からスマート生産システムの開発、流通・加工段階や販売・消費、資源循環（リサイクル）までのバリューチェーン全体に関する研究開発である。

SIPに連動し、農林水産省も独自でスマート農業普及の施策を講じている。農林水産省は14年度補正予算と15年度予算で新たに「先端ロボットなど革新的技術の開発・普及」として50億円程を措置した。それ以降、予算額は徐々に拡大し、19年度補正予算で120億円超、20年度では200億円超に達している。

同時にスマート農業のための環境整備も進む。一例に、日本版GPSと呼ばれる準天頂衛星システム「みちびき」がある。みちびきでは、18年11月に測位衛星がそれまでの１機体制から４機体制となり、測位精度の向上が期待されている。さらに19年度からはSIP第２期でのICTプラットフォームとしての機能を果たす「農業データ連携基盤（WAGRI）」の本格運用も開始した。

※１　GPSはアメリカ合衆国が開発したシステム名であり、GNSS（衛星測位システム）の一つ。正確にはGNSSと表記すべきだが、わかりやすさを重視しGPSとしている。
※２　生物系特定産業技術研究センターウェブサイト（http://www.naro.affrc.go.jp/laboratory/brain/sip/sip1/index.html）を参照。

### ⑵ 経営戦略としてのスマート農業

このように社会実装が急がれるスマート農業であるが、明確な定義はまだない（農業情報学会（2019））。国が強く推進するなか、ロボットが跋扈し農村が無人化するかのような誤解もある。しかし、スマート農業の源流である精密農業については国際精密農業学会（ISPA）は「精密農業とは、時間的および空間的なばらつきを考慮にいれた農業生産の持続可能性を改善するための経営（マネジメント）戦略である」と定義している。この定義にならい、スマート農業を技術ではなく経営戦略と捉えると、生産者やその組織の重要性が理解され、上記の誤解は解消する。

従来はアナログで収集・管理されてきた農業データは、先端技術を導入するスマート農業では膨大な量となる。センシング技術等で取得・入力したデータは、記録・処理され、それを活用して作業が自動で制御される[※3]。具体的にデータの入力には、近赤外の各種生体センサが用いられる。得られた情報の処理には、コンピュータの機能向上やクラウドコンピューティングの発展、また人工知能（AI）が搭載された知的処理機能を備えたシステム等が貢献する。処理されたデータは、スマートフォンなどの端末デバイスに出力されたり、リアルタイム制御に活用される。こうした一連の流れをネットワークの高速化が支える。農業は自然という複雑系を相手とし、１年で収穫できる回数が限られている。ICT技術等でデータ量が増えることは省力化や資材の節約（これは環境保全の面でプラスに貢献する）をもたらす。

こうして得られたデータは、生産者が分析し、それに基づいて意思決定してこそ有益である。精密農業の大家であるベルギーのルーヴァン・カトリック大学Baerdemaeker教授は、精密農業におけるイノベーションを説明するのに、農業経営コンサルタントMarc Vanacht氏が提唱する管理サイクル（Management Cycle in 4D）を用いる（図表１）。管理サイクルでは、得られたデータは分析、意思決定を経て計画・実行され、成果が実現する。実現された成果は再びデータとなり、この管理サイクルを一巡する。この中で、技術イノベーションは得られるデータの量や質に影響するが、それは生産者の分析や意思決定を経て実現に向かう。

図表１　精密農業における管理サイクル

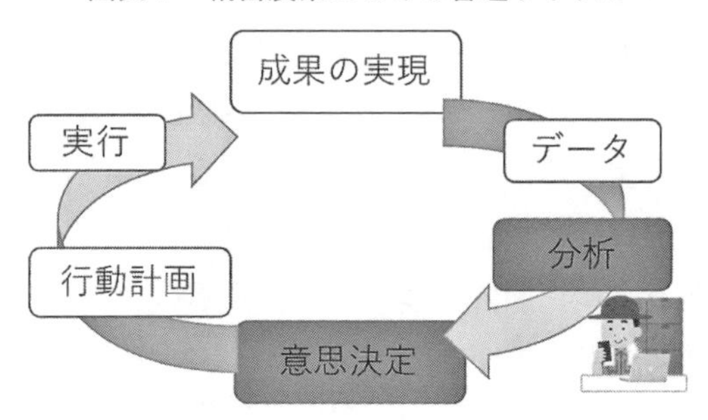


資料　ISTPA2014の Marc Vanacht 氏の資料
（注）Josse De Baerdemaeker 教授の資料からの二次引用

スマート農業でも、この管理サイクルを繰り返すことが重要である。こうして、長期的には澁澤（2020）のいう「持続可能性をめざす農場管理手法の変革」が達成される。生産の現場にあるばらつきはデータで可視化され、それに応じたより適正な可変作業の実行で、生産資材の過剰投入の削減といった経営・環境負荷の軽減と、生産性の増大による生産者の経済的な地位の向上の両方が目指される。

※３　現在の日本では、ラジコン草刈り機やアシストスーツといった省力化のみを目的とするデータを活用しない技術もスマート農業とされている。

### ⑶　スマート農業にかかる生産者組織の重要性

スマート農業で得られるデータの共有や分析には、生産者組織が重要な機能を果たす。生産者間でデータが共有できれば、経営の比較による経営改善は可能となる。そして生産者間でもデータ共有には、ルールの策定とその遵守が必要であるから、生産者自らルールの順守を統治する組織が不可欠となる。

さらに、生産者による栽培や販売にかかる意思決定は集団の中で下されることが多い。水田農業主体の日本では、水利の共同管理等から生産者は協調的な行動が求められてきた。さらに販売に関しても、中小規模の層は厚く、産地が一定の出荷量を維持するために、生産者はJAや部会等で集団的に意思決定を下し、それに沿って各人が行動している。生産者の規模的な構造に大きな変化がない限り、スマート農業でも同様に生産者の意思決定は集団的なものとなろう。

サプライチェーンにおける川中、川下部門との農業データの共有でも生産者組織は重要である。異業種との共有が進むなか、世界的に農業データ利用に関する行動規範の策定※4等が進んでいる。日本でも、16年３月末の内閣官房による「農業ITサービス標準利用規約ガイド」では、生産者等の情報が意図しない方法で利用されるトラブル等の回避策が提示されている。こうした動きの背景には、生産者以外による農業データの囲い込み問題がある。生産者がこの問題に対処するには、適切な契約締結等が必要で、その事務コストの負担を最小にするには、JAを含む生産者組織の積極的な関与が求められている。

※４　たとえばEU Code of conduct on agricultural data sharing by contractural agreement（https://www.fefac.eu/files/81630.pdf）小田（2021）を参照。

## ２．生産者組織やJAによるスマート農業の導入・実証支援

ここからは、スマート農業の導入や実証について、生産者組織やJAがサポートする４事例を紹介したい。

### (1)　JAしまねのGPSレベラーの導入支援

ａ．測位情報を活用した自動走行による均平・播種作業

島根県出雲市斐川地区にある2,400ヘクタールの農地では、水稲、麦、大豆等を組み合わせた２年３作体系を基本とする、農地の高度利用が実現済みである。担い手への農地集積率は80%超と高く、耕地利用率も118%に達している。ここでは、GPSレベラーによる均平作業等の作業省力化が進んでいる。

20年３月時点において、同地区には４経営体が簡易型、他の３経営体が高低マップ機能付のGPSレベラーを導入済みである。これら７経営体はいずれも大規模で、経営面積は最大で70ヘクタール、最低でも40ヘクタール弱である。

圃場面の均平化は水管理や除草剤の効果を高める。しかし作目が入れ

図表２　RTK-GPS 方式による均平作業の仕組

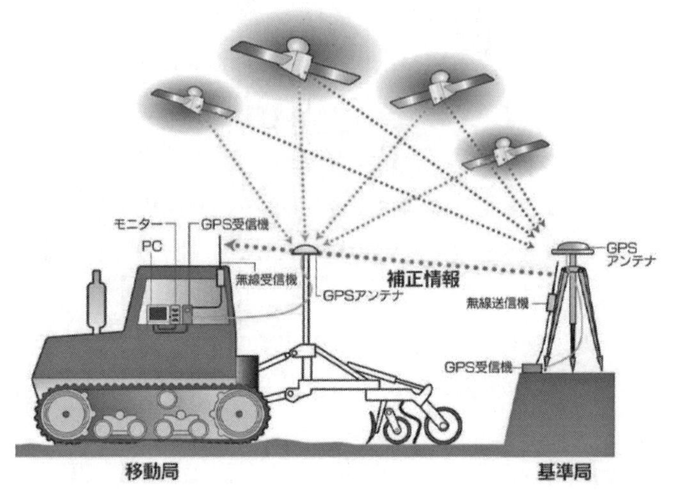


出典　農研機構「RTK-GPS を用いた圃場面の省力・高精度均平化技術」

替わる短期間に、かつ晴天の日に実行しなければならないという難しさもある。山陰地方の冬は雨天が多く、同地区では技術力のある熟練者が手早く作業できる場合を除き、均平化の実行は課題となっていた。

GPS レベラーとは、作業機部分の GPS 受信機からの測位情報に基づき画面上に描かれたマップを、作業者が位置情報を得るのに活用するものである（図表２）。この技術は、均平作業の準備にかかる人による実測が不要となるほか、均平・播種作業自体も夜間作業が可能となる効果をもたらす。

b．GPS レベラーの普及にかかる JA しまねの役割

GPS による測位情報の活用には、衛星信号の誤差（±10〜20㎝）の補正が必要となる。同地区では、補正方法として RTK-GPS 方式（デジタル簡易無線方式）が採用された。

15事業年度に JA しまねの農業振興支援対策「しまね農業生き生きプラン」において、JA は約450万円（設置工事費込み）で RTK-GPS 基準局をカントリーエレベーターの上部に設置した。この基準局が補正信号を発し、これと衛星信号の両方を農機側が受信することで、測位情報の

正確性（±5㎝内※5）が高められている。

さらにJAはGPSレベラーのスムーズな導入を支援した。具体的には、レーザーレベラーとの併用方法や、基準局からの補正信号をうまく受信できない等のトラブル対応について、同地区のJA営農部がGPSレベラーを導入した生産者と農機メーカー担当者を集め、協議の場を設けた。こうして生産者間での技術マネジメントに係る情報共有も進み、導入効果が得られやすい環境が整った。

このようにJAが生産者のGPSレベラー導入を支援したのは、地域の農地の高度利用はすでに達成済みで、今後の農業者の所得向上にはさらなる作業省力化が必要との認識からである。早くから農地の集積と大規模化を進めてきた同地区でも、集落営農組織の高齢化は喫緊の課題となっている。基幹労働力であるオペレーター（以下「OP」）には団塊世代が多く、今後は一気にOP不足が顕在化する懸念があるという。JAはGPSレベラーのような農機の自動化を支援し、OP不足を作業自動化で補完したい考えである。

※5　マゼランシステムズジャパン社webに依拠。

### ⑵「いわみざわ地域ICT（GNSS等）農業利活用研究会」によるGPS測位情報の農業活用

#### a．GPSによる測位情報を活用した自動走行の普及

北海道岩見沢市は石狩平野の中央にある人口約8万人の市で、ICT施策の先進地である。同市のICT施策の一環に、スマート農業の振興がある。13年には同市はRTK-GPS基準局を設置しており、これは行政によるものとしては国内でかなり早い。

GPSを活用した農機の自動直進走行には、自動操舵装置（モニター画面となるガイダンスとハンドルの自動制御機器が組み合わされたオートステアリング、RTK-GPS信号の受信機）が必要である。同市では、同装置の導入農家は、この7年間で200戸ほどに増えた。販売農家は約千戸（平均経営耕地面積は17ヘクタール弱）なので、戸数にして2割が自動走行を実装済みということになる。

同市には２万ヘクタールの耕地があり、乾田直播栽培の稲作と小麦、大豆、菜種等による空知型輪作が行われている。４月下旬の雪解けから５月中旬の水入れまでの短い期間に、水稲の耕起・整地作業と大豆や小麦等の作業が並行し、品目間の労働力調整は大きな課題であった。

農機の自動直進走行は、省力化に加えて、夜間作業を可能にした。さらに、組織経営体の中での作業を未熟練者に任せる等の労働力調整も可能になった。

b．自動走行の普及にかかるいわみざわ地域ICT（GNSS等）農業利活用研究会の役割

この自動走行の普及を、生産者組織である「いわみざわ地域ICT（GNSS等）農業利活用研究会」（以下「同会」）が支えた。同会の目的は農家自らが実証や普及に取り組むことであり、自動操舵装置を導入した200戸程が会員である。同会はJAいわみざわの組合員組織ではないが、事務機能をJAが担っている。JAの組合員が中心となり、農機メーカーをはじめとする民間企業も参加している。同会会員は、市が提供するｅラーニングシステムを受講でき、新会員でも他の会員との知識量の差を解消できる。

同会の存在は、技術マネジメントに係る生産者間の情報共有をもたらした。共有の範囲が200戸と広いこと、また土壌の質や作目を同じくする生産者の間での情報共有が図られたことは注目される。条件が同じ生産者から聞いた情報には説得力があり、当地では導入が比較的スムーズに進んだと思われる。

なおこうした実践に、産学官連携が関与しているのもこの事例の特徴である。生産者、JA、システム開発やコンサルタントを行う地域企業の「㈱スマートリンク北海道」、北海道大学、北海道および同市が構成する産学官連携は、自動操舵装置の導入効果の数値化に取り組んだ。さらに、同地域での自動操舵装置のアーリーアダプター（初期採用者）は、規模拡大に体力が追い付かなくなった高齢層であるが、そういった層と若年層とを産学官連携が仲介することで、若年層でも導入効果が受け入れやすくなり普及につながった。

### ⑶　JA西三河における選果機データによる収穫技術の向上

#### a．温室内の環境測定器「あぐりログBOX」と農業生産管理システム「Akisai（秋彩）」の導入

JA西三河管内の愛知県西尾市は、年間を通じて温暖な気候に恵まれ、水田農業のほか、施設野菜でイチゴ、キュウリ、トマト、施設花きでカーネーション等の生産が盛んである。管内では、冬春キュウリが11ヘクタールで施設栽培されており、その年間出荷量は県全体の１万トンの３割に達している。

管内では、40名のキュウリ生産者からなる「JA西三河きゅうり部会」が中心となり、温室内の温度や湿度等を計測する「あぐりログBOX※6」と防除や施肥、潅水などの栽培管理を記録する農業生産管理システムである富士通㈱「Akisai（秋彩）」の導入が進んだ。いずれについても、15年３月からの試験導入の際に、部会はメーカーとの共同開発に参画し、機能の追加・改良において生産者が操作性改善の追求に協力した。

※６　あぐりログBOXは地元企業の㈱IT工房Zの製品。

#### b．JA選果機データの共有による農家所得の向上

前述の事例と同じく、ここでも機器の導入にはJAや部会が重要な役割を果たしている。なかでもとくに注目したいのは、選果機データの共有による農家所得の向上である。

各生産者はスマートフォン等を利用しインターネット上のAkisaiにアクセスし、自身の出荷分について毎日の選果結果をチェックできる。具体的にはスマートフォン等の画面で、選果結果が度数分布表で表されている。

次頁図表３の上部は、キュウリの長さの度数分布表である。この図では、棒グラフは生産者自身の、線グラフは部会平均を表しており、部会平均に比べて自分の出荷分には、長いキュウリが多いことがわかる。

さらにこれにより、単価が最高となる秀品（長さMサイズで太さ23㎜）から外れている要因は、太さなのか、長さなのかという点が生産者にも明らかになった。生産者はこれを受けて、翌日の収穫からは、より細め等と収穫の作業指示を修正できるようになり、農家の所得向上につなが

図表３　Akisai（秋彩）画面

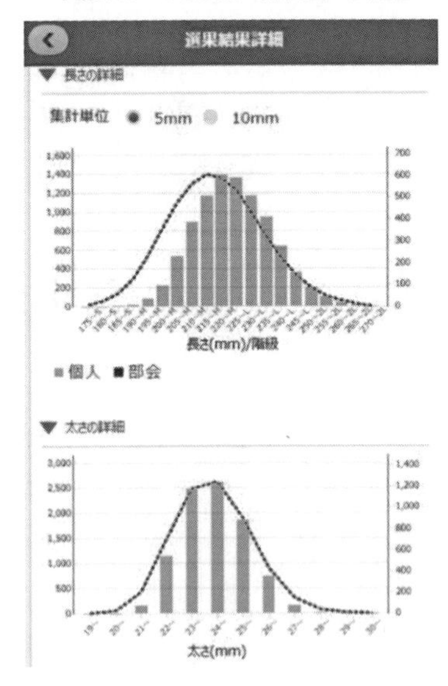


資料　JA 西三河

ったという。

なお、ここで活用されている選果結果のデータは、以前から JA 内部に蓄積されていたものである。Akisai を導入し選果結果の見える化を進めるにあたり、選果機のプログラムを変更し、蓄積されるだけであったデータを有効利用するようにした点も、この事例では注目される。

### ⑷　JA みやぎ登米による ドローン導入実証の取組み

#### a．住友商事㈱と連携しドローン導入を実証

JA みやぎ登米の管内である、宮城県登米市（津山町を除く）には１万ヘクタールほどの水田があり、その８割で環境保全米が栽培されている。従来は水稲と畜産の複合経営が多かったが、最近は畜産に特化する動きと、水稲では大規模化し大豆・小麦等とのローテーションを組む土地利用型への移行がみられる。稲作については作業受委託も広がっており、受託側では作業の省力化のための自動操舵装置の導入が広がっている。

その中で、JA は企業と連携しドローン導入の実証に取り組んでいる。この取組みに着手した理由の一つは、温暖化による天候不順で実需者が求める品質維持が徐々に難しくなり、ドローンによる生育診断が有効と見込まれたからである。

もう一つは、水稲カメムシ防除において現在主力のラジコンヘリの代替手段として、ドローン防除の可能性を探ることが必要となっているからである。カメムシ防除はコメの最終的な品質に強く影響する。温暖化が影響し、管内においてもカメムシ被害は大きな課題であり続けるなか、一方でラジコンヘリの台数や OP 数は全国的に減少している。そこでド

ローン防除等の新たな手段の整備が求められている。

そこで、18年度にドローン導入の実証に関して、住友商事㈱、住友商事東北㈱との戦略的パートナーシップをJAは締結した。導入実証では、㈱ナイルワークスの農業用ドローン20台を用いて、管内400ヘクタールでのカメムシの集団防除を実施した。

JAは、この新技術実証の協力者であり、JAが選定した二つの大規模経営体が、圃場で実際にドローン防除を実行した。

b．サービス確立に際しては地域の実情に合わせたオペレーター育成の方針を強化

導入実証に続く19年度には、住友商事㈱はドローンのリース事業を開始した。管内でJAが組合員に同事業を紹介し、20年度には合計４機が、いずれも平野部にある40～50ヘクタールほどの経営体に導入された。

このリース事業の設計にはJAの意向が反映され、価格体系は以下の①～③となっている。

① 年間150万円でドローン１台をフル活用

② 年間100万円でドローン１台をフル活用＋地域の防除作業に５日間出役

③ 年間50万円で３人がドローン２台をシェア＋防除作業に３人が５日間ずつ出役

ここでの①～③の違いは、ドローンを利用する対価として、金銭を支払うか、防除作業の出役負担を負うかである。

このようにリース料金に3つのパターンを設けたのは、JAはドローン導入にともなうOP育成を目指しているからで、JAは②～③に生産者を誘導するよう働きかけているという。実は①の年間150万円を支払っても、水稲と大豆を組み合わせる土地利用型の経営では、ドローンの活用で大豆の防除費用（年間100～200万円程）が削減できるので、負担は大きくない。実際に20年度にドローンを導入した案件では、当初は①を選んだ経営体もあったという。

しかし、JAから働きかけの結果、４機すべてが②と③の料金体系での導入に至ったという。さらに②と③では、JAが当初３年間について

半額を助成するという支援策も講じられた。

## 3．事例から導かれる先端技術導入における生産者組織の重要性

### (1) 生産者間での技術マネジメントに関する情報やデータの共有

以上のようにスマート農業の導入に関与した生産者組織やJAの事例をみると、とくに情報共有の面での組織がもたらした効果に着目される。GPSによる測位情報の活用に取り組んだ北海道岩見沢市と島根県出雲市での事例では、省力化の効果やそれを実現するための技術マネジメントについて情報が共有されており、それがスマート農業の導入に効果的であったと指摘できる。

とくにいわみざわ地域ICT(GNSS等)農業利活用研究会でみたように、情報共有の範囲がある程度に広がると、その中で作目が同じ等、生産者の属性を揃えた基盤の上での情報共有は可能となる。そうして共有された情報は、受け手の農業経営における再現可能性の高さから、生産者の意思決定に強く影響することになる。

さらに生産者間での情報共有については、ルール策定やその遵守のための統治という観点から生産者組織の有効性は想定される。加えて事例からは、情報共有の促進やそのフレームワークづくりなど、生産者組織内での情報共有の交通整理といった効果ももたらす可能性が示唆された。

こういった点は、図表1でみた精密農業におけるデータの分析をより有益なものにすると思われるが、岩見沢市のように多数の導入農家を要する生産者組織は国内には多くないと思われるため、今後海外の事例も含めたさらなる調査が必要と思われる。

生産者組織の中でもJAによるスマート農業への関与の重要性が理解されるのが、JA西三河の事例でみたような出荷や販売に係るデータの生産者への還元であろう。JA西三河では内部に蓄積されていた選果結果のデータの活用範囲を広げることが、農家の所得向上につながっていた。もちろん選果結果以外にも市場情報等、還元することで生産者に新たな利益を発生させるJA内部のデータは他にも多数あろう。

こうした農畜産物販売に関するデータは、販売事業を手掛ける生産者

組織であるJAグループには蓄積されていると思われ、データ取得のための特別な投資は多額ではない点も魅力である。

### (2) 導入を地域農業にフィットさせる仲介

つぎに、生産者組織やJAがスマート農業に関わることで、地域での意思決定を有用なものにする効果があった。

いわみざわ地域ICT（GNSS等）農業利活用研究会は、自動操舵装置を導入した生産者をまとめ、市が提供するeラーニング事業の受け皿となったり、産学官連携との結節点になっている。

さらにJAしまねも、農地の高度利用がすでに達成済みという地域農業の現段階を見据え、今後の農業者の所得向上にはさらなる作業省力化が必要との認識から、GPSレベラーの導入を支援した。

さらにJA西三河はメーカーとの共同開発で、キュウリの温室という高湿度環境での機器の耐久性や操作性への改善に参画した。すなわち生産者組織は、地域農業の課題を洗い出し、生産者を取りまとめ、地域農業にフィットするかたちでソリューションを獲得する基盤となっていると思われる。

注目したいのは、JAみやぎ登米の取組みである。実証段階であるが、温暖化による生産管理の困難化やOP不足によるラジコンヘリ防除体制の維持困難等、地域農業の将来を見通し、企業と連携しながら、企業の事業の中にOP育成を連動させる等、地域の課題解決のための対策を講じる際の仲介役としてJAが機能していた。

### (3) 将来的には求められるデータ管理における生産者主権の保護

ヒアリング調査では、共同開発の際にメーカーと秘密保持契約を締結する等、農業者や産地のデータに関するJAや経済連の主体的な動きは聞かれた。しかし、サプライチェーンにおける川中、川下部門のプレーヤーとの間に立って、農業データの適切な管理を促すような取組みは国内ではまだ見当たらなかった。

すでに欧米では農業者が主体となった農業データ共有を目指し、データ移転にかかる交渉やデータ管理を行う協同組合やNPO等の設立が相次いでいる。たとえば､オランダのジョインデータ協同組合（以下「JD」）では、生産者自身がデータの提供について、ダッシュボード上で決定できる。さらに生産者はログインすると、営農に関するデータの種類とそれを誰が何の目的に使っているかを監視できる。JDのクラウドデータプラットフォームは、参加する組合員の財務と技術に関するデータを農協等から集め、農業用アプリのITベンダーがアプリ開発を行う。

こうした欧米での組織化は、農業データに関する農外企業との競合が日本よりも激しいことが背景にある。たとえば、オランダでは農機等の購入の際に、得られたデータをすべてディーラーやメーカーに引き渡す条件が生産者に課されている。こうした環境のなか、オランダ東部で搾乳牛330頭を飼い、５台の搾乳ロボットを使っていた酪農家が、搾乳ロボットの不適切な稼働で49頭が死廃牛となった際に、不適切な作動を証明するため、保管期間は過ぎたと主張するメーカーからのデータ入手等にかなり苦労したと話している※7。こうしたなか、生産者による防衛策がもとめられたのであろう。

日本でも、今後さらに、サイバー空間で広く農業データが取り扱われるようになると想定され、生産者が不利益を被らないように、生産者組織やJAの関与が強く求められている。

※7　Join Data ウェブサイト（https://join-data.nl）参照。

〔参考図書〕


・秋山満「スマート農業と農業生産構造」『農村と都市を結ぶ（2020年５月号）』
・池上甲一「スマート農業の生み出す世界―その得失をどう評価するか」『農業と経済（2015年３月号）』
・小田志保「オランダにおける農業データのプラットフォーム協同組合―「JoinData 協同組合」の特性と役割―」『農中総研　調査と情報（2018.11）』
・小田志保「スマート農業による均平・播種作業の省力化実現のためのJAしまねの支援」『農中総研　調査と情報（2019.11）』
・小田志保「スマート農業振興にかかる生産者組織の重要性―「いわみざわ地域ICT（GNSS等）農業利活用研究会」の取組みから―」『農中総研　調査と情報（2020.7）』
・小田志保「スマート農業の進展と農業関連情報の取扱いのあり方」『農林金融（2021.5）』
・神山安雄、2020、「スマート農業技術とその利用主体」『農中総研　調査と情報（2020.7）』
・澁澤栄、2019、コラム「精密農業（スマート農業）とは」、農業協同組合新聞（2019年５月21日～10月15日）https://www.jacom.or.jp/column/2019/05/190521-38061.php
・澁澤栄、2020、「コミュニティベース精密農業の課題と展望」『日本農学アカデミー会報第33号（2020）』
・農業情報学会、2014、『スマート農業―農業・農村のイノベーションとサスティナビリティ―』、農林統計出版株式会社
・農業情報学会、2019、『新スマート農業―進化する農業情報利用―』、農林統計出版株式会社
・寺島一男、「スマート農業の展開について」『技術と普及（19年10月）』

# 第6章

# 農協の獣害対策と地域における役割

藤田（ふじた） 研二郎（けんじろう）

野生鳥獣をめぐっては、全国的に深刻な農作物被害が発生しており、営農意欲の減退や耕作放棄の一因となっている。また、結果として生じた耕作放棄地が鳥獣の棲み処となり、さらなる被害を引き起こすという悪循環にもつながりうる。このように鳥獣害は、単に直接的な農作物の被害にとどまらない重大な影響を、地域社会に及ぼしている。

獣害対策をめぐる従来の議論において、農協は積極的に独自の対策を行う主体とみなされてきたとは言いがたい。一方、近年の獣害対策では「地域ぐるみの対策」が推奨されており、その中で農協の行う対策はいっそう重要になると考えられる。そこで本稿では、農協による先進的な獣害対策の取組みを紹介し、地域の対策の中での役割を検討したい。

## 1．全国的な獣害の動向と対策の法制度

野生鳥獣の農作物被害について、農林水産省が取りまとめている統計によると、2018年度の被害額は157.8億円に上る（図表1）。10年代初めまでは200億円を超える規模で推移してきたが、最近の6年間は減少傾向を示している。この減少の要因は、対策の効果もありうるが、深刻な獣害の結果、耕作放棄が進み、被害として計上されなくなったということも一因とされている。

被害額を鳥獣の種類別にみてみると、獣類ではシカ、イノシシ、サル

図表１　野生鳥獣による農作物被害の状況

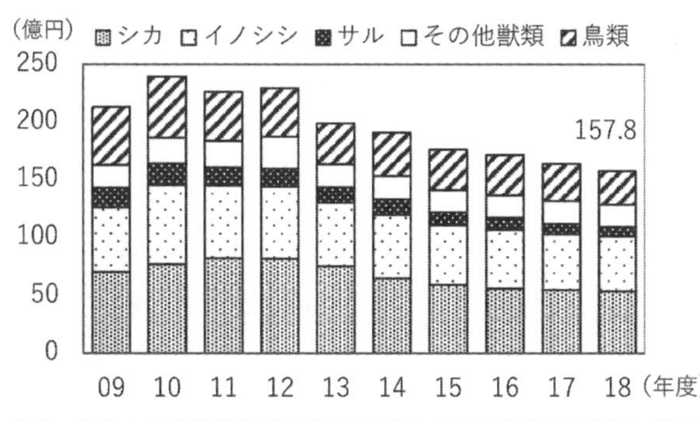


資料　農林水産省農村振興局「野生鳥獣による農作物被害状況の推移」

の順で多い。このうちシカによる被害は、約７割が北海道で、牧草等の飼料作物の被害が主である。

一方、本州以南では、イノシシの被害が最も多い。作物別にはイネ、果樹、野菜、いも類など、農作物全般での被害が報告されている。またサルの被害は野菜、果樹で多い。さらに鳥類の被害もあり、そのうち約半数はカラスによる被害である。

鳥獣害について現行の法制度では、農林水産省所管の「鳥獣被害防止特措法」（鳥獣による農林水産業等に係る被害の防止のための特別措置に関する法律）と、環境省所管の「鳥獣保護管理法」（鳥獣の保護及び管理並びに狩猟の適正化に関する法律）のもとで対応されている。

このうち、より直接的に対策にかかわる鳥獣被害防止特措法は、市町村が中心となって獣害対策に取り組むよう、07年に整備されたもので、被害防止計画を策定した市町村に対して、国は財政上の支援を講じる。ほとんどの市町村では、同法にもとづく「鳥獣被害防止総合対策交付金」の事業実施主体として、行政の担当部署や地元猟友会、農協等の関係機関を構成員とする鳥獣被害防止対策協議会を設置し、対策にあたっている。

## ２．地域ぐるみの獣害対策に向けて

### (1)　捕獲に頼った対策の問題

獣害対策の最も一般的な方法の一つに、被害を起こす鳥獣の捕獲がある。獣害対策の従来の議論では、この捕獲に頼った対策の問題が指摘されてきた。

たとえば鈴木（2013）は、獣害対策の現場において、捕獲はシンプルでわかりやすく古典的な方法であるため、被害農家からの要望として最も多く、それに応えるため、対症療法的に捕獲が優先されてきたということを指摘している。また江口編（2018）では、対策によって捕獲頭数が倍増しているにもかかわらず、被害額が減少していないこと、すなわち捕獲一辺倒の対策では効果が薄いにもかかわらず、現場では捕獲頭数の増加のみが自己目的化しているような状況があると報告している。

さらに、捕獲優先の対策において中心的な主体となるのは、行政および捕獲を依頼される猟友会等である。こうしたなかでは、対策が行政まかせになりやすく、またその裏返しとして「農業関係者が参加できない環境が作られてきた」こと、結果として「被害者である当事者（農業者）抜きの対策になってしまう」（江口編 2018）ことが問題視されてきた。これには、捕獲には原則狩猟免許が必要なため、農業関係者は直接対策にかかわりにくいということも関係している。

### ⑵　地域ぐるみの対策における農協

対して近年では、捕獲に頼らず、また行政まかせにしない対策、とくに行政や猟友会、農業関係者など地域のさまざまな立場が連携し、それぞれが主体的に取り組むような対策のあり方が推奨されている。こうした対策は、「地域ぐるみの獣害対策」（鈴木 2013）とも呼ばれている。

地域ぐるみの対策では、農協の行う獣害対策も重要になるだろう。農協は、地域に密着した事業を行う主体として、地域ぐるみの対策においても一定の役割が期待できる。一方で農協の獣害対策については、まだ十分な調査研究がなされておらず、山野ほか（2017）でアンケート調査の結果が報告されている程度である。地域ぐるみの対策の中で、今後農協がどのような役割を果たしうるのかについて、先進的な事例から検討する必要がある。

### ⑶　対策の三つの要素

地域ぐるみの対策では、従来の捕獲に頼った対策からの脱却という観点から、次の三つの要素を総合的に行うことが重視されている。

第１に鳥獣の隠れ家となる茂みの刈り払いや、森林と農地の間に緩衝帯を設置し見通しをよくする、さらに稲刈り後のひこばえ、放置された柿の木といった鳥獣のエサとなるものの除去など、鳥獣を寄せつけない集落の環境づくりがあげられる。こうした取組みは、「集落環境整備」と呼ばれる。

第２にワイヤーメッシュ柵や電気柵などの設置による侵入防止、また集落全体でのサルの追い払いといった「被害防護」である。防護柵の設置については、適切な方法で行うばかりでなく、定期的な柵のメンテナンスが必要になる。

第３に銃器やわなによる加害個体の「捕獲」である。たとえばイノシシの対策では、大型の捕獲おりを用いた群れ単位での捕獲が有効な方法の一つとされる。

本稿後半の考察では、これら三つの要素それぞれについて、地域の獣害対策における農協の役割を整理する。

以下では、獣害対策に取り組む三つの農協の事例を取り上げる。事例の抽出にあたっては、『日本農業新聞』の記事を参考にした。

## ３．農協による獣害対策の事例

### ⑴　JA 伊豆太陽

JA 伊豆太陽は、静岡県下田市をはじめ伊豆半島南部の６市町を管内とする。管内の大半は中山間地域で、柑橘や野菜、花卉など少量多品目の農作物が生産されている。

野生鳥獣による被害は、これらの農作物全般で発生しており、17年度の被害額は3,780万円に上る。このうち、被害の８割以上はイノシシとシカによるもので、サル、鳥類がそれらに次ぐ。これらの鳥獣の被害は、柑橘や野菜の食害ばかりでなく、花卉でもたとえば農地にシカが侵入しカーネーションの新芽を食べるといった被害がある。

JAでは、古くは10年代初頭から、積極的な獣害対策を実施してきた。この背景には09年、管内の被害額が従来の倍近くに急増したことがある。JAでは、翌年度から県の緊急雇用創出事業を活用して、わな猟免許取得者を雇用し、地元猟友会と協力しながら集落の調査やわなの見回り、わなの設置方法などの技術指導、またJAが保有する箱わなを使った捕獲活動を行った。

こうした取組みは、県の事業終了後もJA独自の獣害対策に引き継がれている。現在JAでは、次のような人的・経済的支援を実施している。

まず人的な支援として、職員のわな猟免許取得を促進している。JAでは営農指導員として配置されると、基本的にわな猟免許を取得することとなっており、その費用はJAで負担する。なおこの免許取得は、職員自身が捕獲活動を行うというよりも、獣害対策に関する技術研修を主な目的としたものである。職員の中には、さらに県の「鳥獣被害対策総合アドバイザー」の認定を受け、地域における獣害対策の普及啓発にかかわる人もいる。

またJAでは、本店営農部営農課と三つの営農センターに計20人弱の営農指導員が配置されており、獣害対策についても適切な技術指導を行える体制となっている。たとえば農地に鳥獣が侵入した場合、営農指導員が現地に出向き、侵入経路を特定し、適切な防護柵の設置方法を助言するといったこともあるという。

さらに経済的支援として、独自に対策資材の購入助成を行っている。これは、組合員が防護柵やわな等を購入する場合、費用の一部を助成するというものである。組合員は、行政の補助と合わせてそれを使うことができ、自己負担を極力抑えて電気柵等を導入することができる。またJAの助成の手続きは、行政のものと比べて簡単なものとなっており、組合員のニーズに迅速な対応ができるようになっている。

こうした経済的支援が可能になっている背景には、管内の被害の深刻さから、JAが積極的に獣害対策を行うことについて、組合員の間で広く合意が形成されていることがある。それ以外にもJAでは、鳥獣を捕獲した人に駆除負担金を交付しており、行政の捕獲報奨金と合わせて、

写真1　JA が貸し出している箱わな

（JA 伊豆太陽広報誌より）

加害個体の捕獲を後押ししている。また現在50基ほどの箱わなをJAで保有しており、捕獲に従事する人に無料で貸し出している。（写真1）

以上の対策はJA独自のものであるが、対策を進めるなかでは、地域の他団体との連携も欠かせない。まず行政との連携では、JAが事務局となって管内6市町にまたがる「伊豆地域鳥獣害対策連絡会」を設置しており、県や市町の担当者と被害状況や対策に関する情報を共有している。また猟友会や住民が自発的に組織した獣害対策の団体にも活動資金の助成を行っており、地域内での連携を図っている。

対策を通じて近年では、10年前後のピーク時と比べ、管内の被害拡大に歯止めがかかってきたとされる。この背景には防護柵の普及があり、とくにJAの対策はその普及に一定の貢献を果たしている。

### ⑵　JA あいち豊田

JAあいち豊田も、独自の獣害対策を行う農協の一つである。その管内である愛知県豊田市とみよし市では、水稲を中心に桃や梨といった果樹、野菜の生産が行われている。

JAの管内は6割以上を中山間地域が占めることもあり、野生鳥獣による被害は多い。18年の豊田市の被害額は、9,026万円に上る。このうち、被害額が最も大きいのはイノシシで、獣類ではシカ、ハクビシンがそれに次ぐ。とくにイノシシは食害のみならず、農地で暴れて作物ににおい

写真２　足助地区の新型捕獲おり

（筆者撮影）

がついてしまい、出荷できなくなるといった例もある。

JAあいち豊田でもJA伊豆太陽と同様、独自の獣害対策の中で職員のわな猟免許の取得促進や電気柵等の購入支援を行っている。また10年代前半には、管内の四つの地域で緩衝帯の整備に関するモデル事業を実施、県の担当者と協力して農地に接する山林のやぶを刈り払い、センサーカメラで鳥獣の侵入状況を調査した。その結果、イノシシの出現回数が減少するという効果が得られ、他の地域にも緩衝帯の整備を展開していくうえで、行政の事業化にもこぎつけることができた。

さらに17年度からは、管内４か所のモデル地区でICTを用いた新型捕獲おりの実証試験を行っている。これは、近年防護柵が普及した反面で、鳥獣の個体数は減少しておらず、総合的な対策として捕獲が必要になったことによる。この新型おりは、クラウド上で内部の様子を監視し遠隔操作で鳥獣を捕獲できるため、見回りの労力を大幅に削減できる。

また、イノシシは、子を捕獲してもすぐ親が子を産むため、群れでの捕獲が重要になる。この点、新型おりは遠隔で監視しながら、群れでおりに入った時点で捕獲できるため、有効な対策の一つとなっている。

このうちの一つ、足助地区の新型おりは17年９月の設置後、年間10頭近いイノシシやシカの捕獲実績をあげてきた。JAでは、こうした実績をつくったうえで、今後行政に本格導入を要望し、普及を図っていく計画である。（写真２）

以上のようにJAでは、独自の対策にもとづきながら、行政に対してさまざまな働きかけを行っている。これまでも、捕獲後に安全に個体を処理するための電気止め刺しの導入や通年での駆除の許可を要望し、実現してきた。

また、地域ぐるみの獣害対策では、住民自身が主体的に対策にかかわることが重要となっている。この中でJAは、対策にかかわる住民の意識づくりを後押しするため、農家向けの研修会を活発に開催している。この研修会は、JA全体では年２回ほど実施しているほか、中山間地域の営農センターでも独自に企画している。さらに生産者部会や集落の会合でも、被害状況や対策の方法について周知している。このようにJAでは、集落に積極的に入っていくことを重視しているという。

### ⑶　JAかながわ西湘

JAかながわ西湘は、小田原市をはじめ神奈川県西部の２市８町を管内とする。管内の沿岸部では柑橘、山間部では茶、また梅や米の生産が盛んである。

野生鳥獣の被害は、イノシシが圧倒的に多いが、ニホンザル、ニホンジカ、ハクビシンなどによる被害も少なくない。獣害に遭いやすい農作物は、柑橘やいも類である。神奈川県の調べによれば、18年度の管内の被害額は4,104万円に上る。

こうした被害状況の調査について、他の事例では主に市町村が実施していたが、JAかながわ西湘をはじめ神奈川県内のJAでは、JA自身が積極的に調査にかかわっており、被害届の提出を促している。これは、被害状況をきちんと把握できていないと対策の要望ができないという問題意識によるもので、JAかながわ西湘では、広報誌や各種会合で調査への協力を呼びかけるばかりでなく、職員が電話でのヒアリングも行っている。

またJAグループ神奈川では、一定規模以上の販売農家に対して、電気柵や箱わな等の購入助成を行っており、それに満たない小規模販売農家に対しては、JAかながわ西湘が独自に、電気柵とくくりわなの購入を補助している。20年度には、新たにわな管理用ICT機器の一部購入助成を設けた。これによって、農業者が行うイノシシなどの捕獲活動について、わな設置場所の見回りにかかる労力を軽減できる。また、JA職員が組合員の電気柵設置に協力する事業もスタートさせている。

さらにJAかながわ西湘の獣害対策において特徴的なのは、小田原市と足柄上地域で鳥獣被害防止対策協議会（以下「協議会」）の事務局を担当していることである。協議会の事務局は、一般に市町村の農政課等が担当することが多いとみられる。一方で小田原市の場合は、80年代にサルの被害が深刻化したこともあって、JAが獣害対策にかかわるようになり、それが現在の協議会に引き継がれている。南足柄市をはじめ1市5町からなる足柄上地域の協議会も、同様の経緯をもつ。

協議会の事務局を担当するなかで、JAは地域全体の獣害対策について、検討段階から中心的にかかわっている。また協議会では、集落座談会等を通じて上がってきた農家の声を、できるだけ行政等に届けるようにしているという。たとえば最近では、農家が捕獲したイノシシ等の止め刺しを猟友会に依頼する場合の費用助成について働きかけてきた。事務局を担当していることで、行政や猟友会と直接調整しやすい関係性を構築
近年では、箱根山地のニホンジカが急増しており、植生劣化や森林破壊

**写真3　西湘産の新たなブランドとして注目を集める「湘南潮彩レモン」**

（JAかながわ西湘提供）

が懸念されるとともに、農作物被害が深刻化している。こうした状況については、地元のNPO法人「小田原山盛の会」とともに、行政やJAが連携して対策を講じている。

さらにJAでは、獣害に遭いにくい作物として、18年度よりレモンの産地化に積極的に取り組んでいる。この背景には、以前からラッキョウやニンニク、ボタン桜など、獣害を受けにくい作物の新規導入を図ってきた経緯がある。とくにレモンは、温州ミカンと比べても省力的な栽培が可能とされる。JAでは生産者拡大のため、18年度から苗木の購入費の一部助成を行っている。また20年１月には、管内で生産されるレモンのブランド名が、「湘南潮彩レモン」に決定された。（写真３）

## ４．地域の対策における農協の役割

最後に以上三つの農協の取組みについて、「集落環境整備」「被害防護」「捕獲」という獣害対策の三つの要素にもとづき整理しよう。その中では、とくに農協の特徴的な取組みと思われるものに着目したい。

### ⑴　三つの対策の要素にもとづく整理

まず、鳥獣を寄せつけない集落の環境づくりを図る「集落環境整備」について、農協では緩衝帯の整備に関するモデル事業、農家向け研修会の積極的な開催、獣害に遭いにくい作物の新規導入といった取組みを実施していた。

このうち獣害を受けにくい作物の導入は、集落環境整備の中で農協の特徴的な取組みの一つといえる。こうした取組みは、行政や猟友会といった地域の他の主体とは異なる農協ならではの対策となりうる。

また、従来の獣害対策は、第一義的には金銭的・労力的に単なるコストとして捉えられがちであった。一方で新規作物導入の取組みは、農作物被害や耕作放棄地の発生を未然に防ぎつつ、同時に新規作物のブランド化や商品開発に発展させることで、農業者の所得増大にもつなげることができる。

近年の獣害対策では、たとえばジビエとしての有効活用など、対策を地域活性化の文脈で捉え直し、事業化を目指す方向性が注目されている（鈴木 2017）。獣害を受けにくい新規作物の導入も、そうした方法の一つに位置づけられる。

次に、柵による侵入防止や追い払いといった「被害防護」に関する農協の取組みとして、独自の資金助成による電気柵等の購入支援や、営農指導員による対策の技術指導体制があげられる。

このうち、営農指導員が適切な防護柵の設置方法について助言するといった対策の技術指導を行う体制の構築は、農協の独自性を生かした獣害対策のあり方の一つとなりうる。この点、市町村の担当者は他の業務との兼任で獣害対策を担当していることが多く、現場での相談対応まで手が回らないということが少なくない。対して農協の営農指導員は、巡回を始め、日ごろから現場に出向き、組合員と接する機会をもっている。狩猟免許取得やアドバイザーの認定といった職員の技術研修を促すことで、農協は獣害対策についても適切に相談対応が可能な体制を、効率的に構築できると考えられる。

最後に加害個体の「捕獲」については、駆除負担金の交付や箱わなの貸し出し、モデル地区での新型捕獲おりの実証試験が行われていた。

とくに新型捕獲おり等のICTを用いた機器は、獣害対策を効率化するための打開策として、近年有望視されている。ただし現状、そうした機器は非常に高価であり、個人での導入はほぼ不可能である。対して、組合員が出資し合い一定の規模で事業を運営する協同組合であれば、こうした機器も適切な合意形成を図ったうえで、ある程度の導入が可能である。またモデル事業を通じて一定の実績をつくることで、今後行政での導入を促すことができ、さらにはこのようにして導入が進んだ結果、将来的に機器自体も安価になり、いっそう普及が進むといった効果も期待できる。

なお、ある程度個人での対応が可能な被害防護や捕獲と比べて、集落環境整備は集落単位での取組みが必要になるため、対策が進みにくいという側面がある。この背景には、人口減少が進み集落活動自体が困難になっている、農家によって被害の程度に濃淡があるため、一体としての行動が難しいといったことがある。集落の組織化が困難になりつつあるなかで、どのように集落の機能を維持し、獣害対策を進めていくかについては、今後さらなる検討が必要であろう。

### ⑵　組合員の声を届ける役割

さらに三つの要素以外で農協が果たす重要な役割として、組合員の声を地域の協議会や行政､猟友会などに届けるということがある。農協は、農業者にとって最も身近な存在の一つであり、地域全体の獣害対策についてさまざまな要望を受けやすい。

独自の獣害対策を行う農協では、これら組合員の要望を積極的に協議会に伝え、地域の他団体と調整を図っていた。またたとえば猟友会は、活動範囲が農協の管内と必ずしも一致していないため、一元的に調整がしにくく、地域によっては市町村の農政課を介して調整しているという話も聞かれた。一方で協議会の事務局を担当する農協では、こうした場合でも直接調整可能な関係性が構築されていた。地域全体の獣害対策にも中心的にかかわることは、組合員の声を届けるという点でも重要な意義をもつと考えられる。

ただし、地域全体の獣害対策に主導的にかかわる事例では、さまざまな手続き､各主体の取りまとめについて相当な事務量を引き受けており、負担が大きいという側面もある。近年の地域ぐるみの対策では、行政まかせにしない対策のあり方が求められているが、同時に単に対策を地域まかせばかりにしない行政本来の役割についても、改めて検討が必要であろう。この点、たとえば対策に関する適切な予算配分や、それぞれの主体の取組みを生かす地域のコーディネーターといった役割は行政独自のものであり、民間の主体が代替することはできない。

今後の議論では、こうした各主体の独自性を明確化したうえで、それぞれの適切な役割分担のあり方について、多様な地域の状況を踏まえながら整理していくことが、重要な課題の一つとなると考えられる。

以上のように農協は、地域ぐるみの獣害対策の中で多くの役割を果たしうる。今後も検討を深め、有効な獣害対策のあり方について明らかにしていきたい。

【付記】本稿は、『農林金融』2020年6月号に掲載されたレポート「地域における獣害対策と農協の役割」をもとにしたものである。

〈参考文献〉

・江口祐輔編（2018）『動物の行動から考える　決定版　農作物を守る鳥獣害対策』誠文堂新光社
・鈴木克哉（2013）「なぜ獣害対策はうまくいかないのか――獣害問題における順応的ガバナンスに向けて」宮内泰介編『なぜ環境保全はうまくいかないのか――現場から考える「順応的ガバナンス」の可能性』新泉社
・鈴木克哉（2017）「「獣がい」を共生と農村再生へ昇華させるプロセスづくり――「獣害」対策から「獣がい」へずらしてつくる地域の未来と中間支援の必要性」宮内泰介編『どうすれば環境保全はうまくいくのか――現場から考える「順応的ガバナンス」の進め方』新泉社
・山野はるか・吉田詞温・梅本哲平・笠島隆・小泉聖一・小林信一（2017）「全国JA管内における鳥獣被害と対策の現状及び今後の対応」『日本鹿研究』8号

# 第7章

# 被災地の農業復興における農協の役割
## —平成29年九州北部豪雨における JA筑前あさくらの取組みから—

野場（のば） 隆汰（りゅうた）

## 1．災害の時代と農協

近年、報道などで災害に関するニュースを非常に多く目にするようになった気がする。そこで気象庁の資料を調べてみると、一般的に“非常に激しい雨”および“猛烈な雨”とされる1時間降水量50mm以上の雨の年間発生回数を最近の10年間（2011年～2020年）と統計の最初の10年間（1976年～1985年）の平均で比較すると約1.5倍に増加している（図表1）。一方で、日本列島はもともと多雨地帯であり、災害の「頻発」は近年に限った現象ではないという主張もある（杉山 2020)。いずれにしても、この国に住んでいる限り、誰しもが非日常的な災害に遭遇するリスクを

図表1　全国の1時間降水量50mm以上の年間発生回数

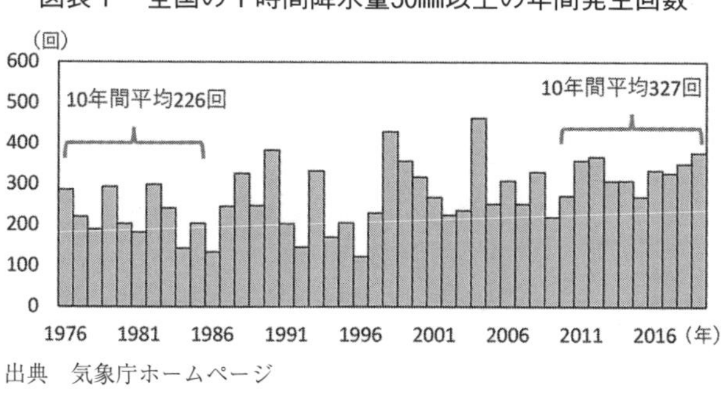


出典　気象庁ホームページ

背負っていることは言うまでもない。

では、災害による農業の被害はどうか。農林水産省の統計では、過去10年間の災害による農林水産関係被害額は、2011年以降、毎年1,000億円を超えている。とくに直近４年間では、１回の台風や豪雨による被害額が1,000億円を超えるケースも発生しており、農業分野において被害の大規模化の傾向がみられる（図表２）。

一口に災害といっても、その原因が台風なのか、豪雨なのか、地震なのかによって、その被害の様相は異なる。しかし、どのような災害であろうと、それが自然現象に起因するものならば、“自然を相手にする”農業への直接的な被害を避けられないことは確かである。

JAグループでは、こうした災害において、全国で事業を展開しているという強みと、協同の精神を発揮した対応を行ってきた。東日本大震災では、災害復旧後の地域農業の現場においても、農地の集積、区画整理や農業集落の再編、農業法人による農業の組織経営化などの過程で地元農協が大きな役割を果したことが報告されている（株式会社農林中金総合研究所ほか 2016）。近年の大規模災害である「平成30（2018）年７月豪雨」や「令和元（2019）年東日本台風」でも、全国の農協職員が多数被災地に赴き、ボランティア活動に従事したことは記憶に新しい。

図表２　災害による年間の農林水産関係被害額

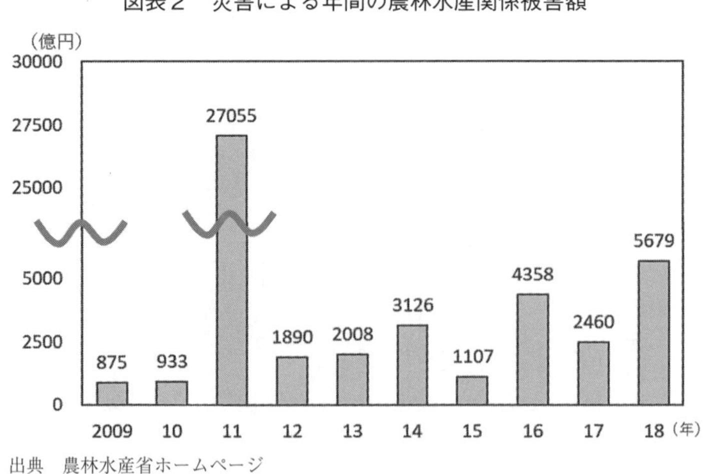


出典　農林水産省ホームページ

こうした「災害の時代」において、農協には、農家が直面した危機らの回復力（レジリエンス）を支えるための仕組みや体制づくりが求められる。本稿では、「平成29（2017）年九州北部豪雨」（以下、「九州北部豪雨」）によって地域農業が大きな被害を受けた筑前あさくら農業協同組合（以下、「JA」）を取り上げる。被害状況を確認したうえで、JAが行った多くの支援のうち、農地保全の緊急措置、営農回復過程の収入確保、中山間地域の持続的な営農へのサポートに注目して紹介したい。

## 2．九州北部豪雨による被害の状況

JAは、福岡県朝倉市、筑前町、東峰村（以下、「朝倉地域」）を管内としている。東西に流れる筑後川流域の平坦地では水稲と万能ねぎ、その支流沿いの山間部では柿や梨などの果樹が栽培されている。

朝倉地域は、2017年7月5日から6日にかけて発生した九州北部豪雨で甚大な被害を受けた。とくに本店がある朝倉市では、5日から6日に

図表3　平成29年7月九州北部豪雨における朝倉地域内の主な被災箇所

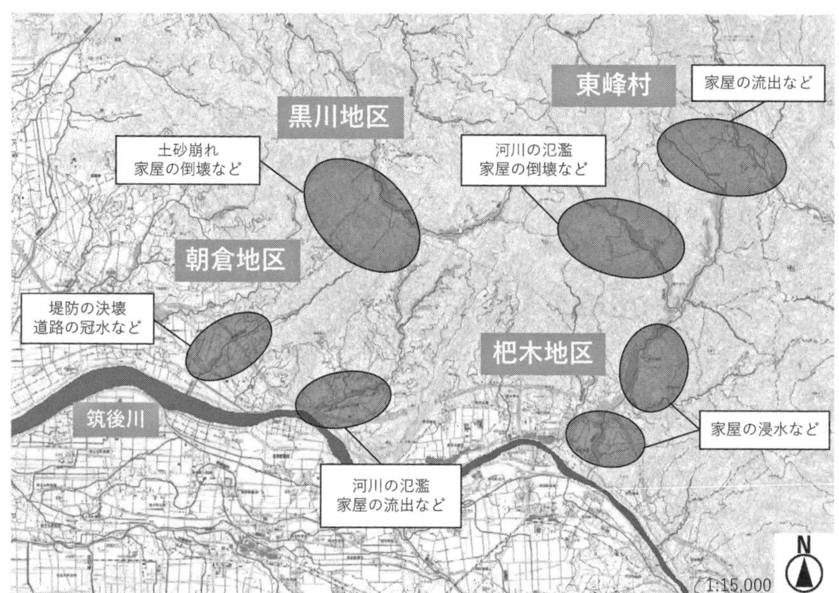


資料　JA筑前あさくら提供資料および内閣府『平成30年版防災白書』

かけての24時間の降水量が545.5㎜という驚異的な値を記録している。これは同地域の７月の月降水量平年値を超える数値であり、文字通り「バケツをひっくり返したような」雨であった。

この日に九州北部でこれほどの雨が降り続いた理由は、線状降水帯※1によるものといわれている。線状降水帯は、数時間にわたって同じ場所に停滞し、局地的に多量の雨を降らせる。７月５日から６日にかけて、朝倉地域を含む九州北部の複数の地点では、観測史上最大の降雨量を記録した。

九州北部豪雨による死者は、福岡県と大分県を合わせて40人（うち朝倉市34人、東峰村３名）、行方不明者は２名となっている※2。全半壊や床上浸水などを含む住宅被害は3,000棟以上、その他河川の決壊、山間部での土砂崩れも多数発生しており、その被害の深刻さから「激甚災害」に指定された※3。

農業では、山間部の果樹園が河川の氾濫や土砂崩れによって崩壊、流出し、山林からの倒木が平坦地の水田や畑に流れ込むという形で被害が拡大した（図表３）。この災害による朝倉市の農業関係被害額は343億5,100万円、農地の被害面積は1,133ヘクタールとなっている（山下ほか 2018）。

JAの建物や機材も大きな被害を受け、とくに被害が大きかった朝倉市内の朝倉地区、杷木地区、黒川地区、そして東峰村などでは、支店、ATMやガソリンスタンドなどが倒壊、流出した。JAでは、被災直後に災害対策本部を立ち上げて緊急対応を行った。

※１　線状降水帯とは、梅雨前線に向かって暖かく湿った空気が流れ込んだ影響により、強力な雨を降らせる積乱雲が線状に連なって形成される一帯のことである（津口 2016）。九州北部豪雨がきっかけとなり、広く一般にも知られる気象用語となった。
※２　消防庁2018年10月31日発表より
※３　内閣府2017年８月10日発表より

## ３．災害復興対策室の窓口機能

### ⑴　体制

災害対策本部による緊急対応が落ち着いた2017年10月に、次の段階である農業の復旧･復興のため、JA では災害復興対策室（以下、「対策室」）を設置した。対策室は、「災害に関する JA の窓口を一本化し、地域農業の復興に一体的かつ継続的に取り組みたい」という、JA 組合長の思いから設立された。

その主な業務は、九州北部豪雨被害からの復興に専属的かつ継続的に取り組むことであり、発足当時の人員は、JA の職員５人のほか、JA 福岡中央会、全農福岡県本部、全共連福岡県本部、福岡県信農連からの出向者各１人、計９人であった。2020年12月時点では、出向者は全農福岡県本部のみで、JA 職員と合わせて５人となっている。

### ⑵　農家の状況とニーズを吸収する役割

対策室設置の主な目的である、“一本化された窓口”には、組合員をはじめとする地域の農家に向けた窓口と、行政や地元企業などの外部組織との連携の窓口という二つの側面がある。

農家との窓口として、対策室は組合員に対する意向調査を発足直後から継続的に行っている。具体的には、被災した各地区の農業事情に詳しい組合員に、対策室の職員が２か月に１回のペースでヒアリングをするというものである。この意向調査によって、農地の復旧状況や離農を考えている農家の情報などをいち早く得ることができ、その後の対応に生かしている。調査で入手した情報は JA の月例会議で報告し、役員や他の部署とも共有している。

また、被災農家からの問い合わせも、基本的には対策室が受けつけて、関係部署に伝達している。災害復興において、対策室は JA と農家をつなぐ結節点として機能している。

### ⑶　農地復旧・農業復興に向けた外部との連携窓口

加えて対策室は、ボランティアセンター事務局、応援消費「志縁プロジェクト」[※4]の窓口、県の災害復興プロジェクトチームへの参画など、農業復興に関する外部との連携の窓口としての役目も担っている。

ここでは、農業被害専門のボランティアセンターである「JA 筑前あさくら農業ボランティアセンター（以下、「センター」）」の事務局としての役割に注目したい。

一般的に災害が発生した際には、ボランティアの受け皿として、地域の社会福祉協議会などが「災害ボランティアセンター」を立ち上げて、被災現場への派遣などを行っている。社会福祉協議会から派遣されたボランティアの支援の対象は、住居などの生活再建に直接関わる場所に限られており、営利活動の対象である農地は除外されることが多い。九州北部豪雨の際にも、災害ボランティアセンターからの支援は農地には及ばなかった。

しかし、行政の事業による農地の復旧を待つ間に、農地に流れ込んだがれきや土砂によって果樹の樹体が立ち枯れてしまう恐れがあった。とくに朝倉市で栽培が盛んな柿やブドウの樹は、新植すると成園化までに数年を要するため、すぐにがれきや土砂を果樹園から撤去する必要があった。

そうした状況を何とかしたいと考えていたJAは、農業へのボランティア派遣の課題を認識していたJVOAD※5と連携して、農地の復旧支援作業を専門的に行うボランティアの受け皿として、2017年10月にセンターを開設した。センターの運営にあたっては、朝倉市のほか、さまざまな組織や企業が協力をしている。

センターの仕組みとそれぞれの組織の役割を図表4に示した。JA側は、

図表4　JA筑前あさくら農業ボランティアセンターの仕組み

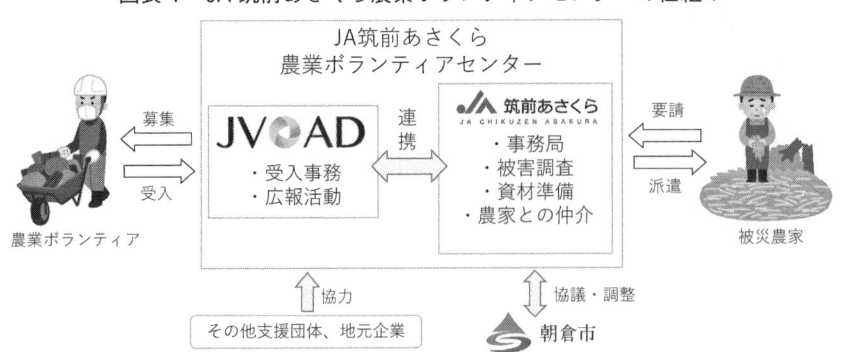


資料　JA筑前あさくらの聞き取りから筆者作成

対策室が全体の事務局となり、主に被害調査や資材の準備、農家との仲介など、農業に関わる側面を担当した。一方、JVOADはボランティアの募集や広報活動、受入事務など、いわゆる一般的なボランティアセンターとしての業務を担った。

また、センターの運営にあたっては、朝倉市のほか、さまざまな組織や企業が協力をした。災害対応が繁忙を極めたときは、センターの運営業務もボランティアが担当することもあった。

農業ボランティアの受入れと派遣をスムーズに行うためには、災害ボランティアに関する豊富な知識と経験が必要である。それを提供したのがJVOADだった。JVOADは、センター発足から約１年間、センターの運営のために専属の職員を派遣し、事務局機能に関する対策室の業務をサポートした。２年目からは、そのノウハウを受け継いだ対策室が単独でセンターを運営している。

基本的に、農業ボランティアの派遣は被災農家からの要請に基づいて行われる。センターの事務局が派遣要請の連絡を受けると、対策室職員が現地の被災状況調査を行い、復旧作業に必要な人員数や機材を把握する。それらが確定すると、センターに登録されている全国の農業ボランティアに連絡して募集をかける。必要な人数が確保でき次第、農業ボランティアとして被災農地へ派遣する。

農業ボランティアが行う作業は、農地にたい積したがれきや土砂の撤去、樹体に絡みついた流木の除去など、災害からの“修復作業”までで、それ以降の“農作業”である収穫や播種などは農家自身が行うことを原則としていた。

なお、行政の災害復旧事業の対象となっている農地は、被災当時の状態を維持することが原則のため、農業ボランティアを派遣することはできない。復旧事業に申請済みの農家から要請があった場合は、JAと朝倉市が協議をして派遣の可否を決定していた。

2020年７月に九州地方を襲った豪雨で朝倉市の一部の農地が被害を受けた際にも、センターでは農業ボランティアの派遣を行っている。センターは、2017年10月から2020年11月まで運営され、この間に延べ5,473

人の農業ボランティアが管内の被災農地に派遣された。

広大な農地の所有者や高齢の農家にとっては、流れ込んだがれきや流木を撤去するだけでも大変な労力を要する。このため被災後に離農を考える農家も少なくない。センターから派遣された数多の農業ボランティアによって、朝倉地域の営農再開は大きく後押しされたと考えられる。(写真1～3)

※4　志縁プロジェクトとは、農業への支援金を募集して、その3割で朝倉市産と東峰村産の農産物・加工品を返礼品として支援者に送り、残りを苗木代や施設費等に当てるというもの。JA が西日本新聞と共同で企画した。

※5　JVOAD は、認定NPO 法人全国災害ボランティア支援団体ネットワークの略称である。災害時の被災者支援活動が効果的に行われるよう、地域、分野、セクターを超えた関係者同士の「連携の促進」および「支援環境の整備」を図ることを目的とする組織。

写真1　土砂がたい積した被災農地

写真2　農業ボランティア作業後

写真3　農業ボランティア作業風景

(JA 筑前あさくら提供)

# ４．営農回復過程の収入確保「JA ファーム事業」

## ⑴　JA ファーム事業の仕組み

JA 管内の特産である柿は、苗木を定植してから安定した収入を確保できるようになるまでに数年かかる。果樹園が被災した場合、農家の収入源は長い間失われてしまう。

そこで JA では、被災した果樹農家の減収を補うことを目的に、2019年から JA ファーム事業（以下、「ファーム事業」）に取り組み始めた。

まず、JA が荒廃地となっている農地の利用権を、農地中間管理機構を通して取得し、そこにアスパラガス栽培用のハウスを建設する。そして、苗を定植して最初の２年間は、JA が経営を行い、経費を負担する。管理作業は、JA が雇用した被災農家が行い、委託費を支払う。３年目に、農地の利用権やハウス設備を含めた農場の資産を被災農家に譲渡する。

アスパラガスは、繁忙期が果樹、とくに柿栽培と比較的重ならず、また、販売価格は高値で安定しているが、定植してから安定した収入を確保できるようになるまでに約２年を要するため、その間の経費は JA が負担することとした。アスパラガス農家として独り立ちができるまでの２年間、JA が全面的にサポートする仕組みである。

## ⑵　JA ファーム事業の実績と今後の展開

2019年からの第１期では、杷木地区の40a の荒廃地に10棟のアスパラガス用ハウスを建設した。そこでは、２人の被災農家が JA の指導のもとでアスパラガスの栽培にあたっている。

図表５　JA ファーム事業のスケジュール（予定を含む）

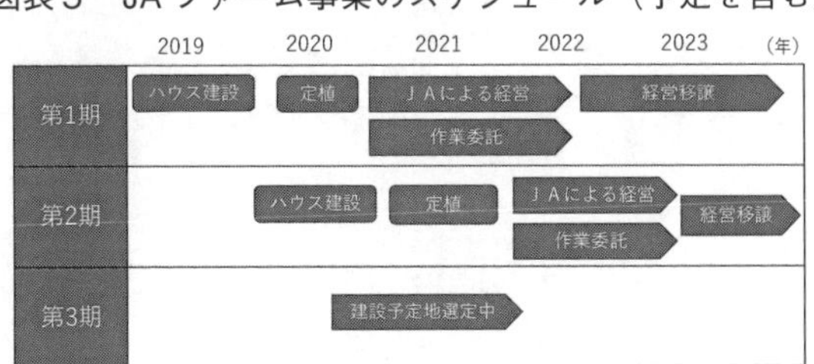


資料　JA 筑前あさくらへの聞き取りから筆者作成

うち１人はイチゴ農家だったが、豪雨で河川沿いのハウスがすべて流出した。規模を縮小して営農を再開したが、収入を補うためにファーム事業に応募した。もう１人は、夫と義父が経営していた柿園が被災したため、農外の仕事をやめて取り組んだ。２人とも２年間のJAによる指導を経て、2022年に経営を移譲される予定である。

被災農家からの事業継続の要望も多く、ファーム事業は今後第２期、第３期が計画されている。第２期では、杷木地区に10棟、朝倉地区に８棟、計18棟のアスパラガス用ハウスを建設し、2021年に稼働を開始する（図表５）。

なお、第１期の施設建設費はすべてJAの自己資金だったが、第２期以降は朝倉市から補助金を受けられることとなった。また、第１期で定植したアスパラガスの苗は、前述した「志縁プロジェクト」の支援金で購入した。

### ⑶　JAファーム事業の効果

災害によって農地や施設が被災すると、経済的にも時間的にも取り戻すことが難しく、被災農家にとって土地と施設の確保は、営農再開への大きな課題といえる。被災農家が軌道に乗るまでの間、それらを提供するファーム事業は非常に効果的な復興支援の仕組みといえる。

写真４　JAファーム事業第１期「久喜宮ドリームファーム」のハウス施設

写真５　JAファーム事業第１期で定植されたアスパラガスの茎

（JA筑前あさくら提供）

また、果樹とアスパラガスの複合経営は、災害等のリスク軽減にもなる。JA では、九州北部豪雨以降、果樹農家に対して複合経営を推進しており、ファーム事業は、管内の新たな農業経営のモデルとしても期待されている。

## 5．中山間地域の持続的な営農へのサポート

朝倉地域の農業は、行政による災害復旧事業や JA を含む関係組織のサポート、そして何より農家自身の努力によって徐々に災害前の姿を取り戻しつつある。しかし一部の地域では、農地が復旧した後の営農継続が不安視されている。

たとえば、豪雨被害がとくに深刻だった中山間部のとある集落では、災害を機にすべての住民が集落外へ避難したまま戻らないところもあるという。だが、そうした集落にも農地が残されており、それを誰が耕作していくのかは未定のままとなっている。

また、現在計画されている区画整理型の農地復旧事業※6においても、復旧後の担い手の確保が課題となっている。農家の減少や担い手不足といった、災害以前から朝倉地域の農業現場が抱えていた課題が、被災によって顕在化してきたものと考えられる。

JA では、こうした長期的な課題に対して地域とともに向き合うため動き出している。豪雨被害が大きく、復旧後の担い手不足が課題となっている黒川地区では、2020年に「黒川の農業（未来）を考える会」という会議体が発足した。この会議体は、中山間地域である同地区において農業を持続させていく方法について話し合うことを目的としており、地区の農家以外に、福岡県、朝倉市、JA の対策室も参加している。

同地区では、被災前から担い手不足や耕作放棄地の増加といった課題が生じていたものの、先送りにされがちであった。災害によってそうした状況が加速したことにより、地元農家の意識が変わり、会の発足につながったという。話し合いはまだはじまったばかりだが、JA では対策室を窓口にして全面的にサポートしていくことにしている。

## 6．まとめ

以上、九州北部豪雨被害からの農業の復旧・復興に向けたJA筑前あさくらの取組みのうち、自然災害発生後の農地保全、営農回復過程の収入確保、中山間地域の営農持続へのサポートといった観点から農協の役割をみてきた。注目点を整理してまとめとしたい。

一つ目として、JAの農業復興の取組みは全体を通して、行政や外部組織など、多様な主体と連携して進められている。これは地域農業の復旧・復興が、それらの連携なしでは成し得ない難題であるということを物語っている。その際、JAの対策室のように、農家に寄り添い、連携の場では農家の立場になって議論に参加することは、農協の責務ともいえるだろう。

二つ目は、復興支援策における明確な課題の把握とそれに基づいたきめ細かな支援である。JAでは農地が一般的な災害ボランティアの対象とならないという課題に対して、独自に農業専門のボランティアセンターを開設することで解決している。また、ファーム事業についても、被災農家の土地と施設の確保という営農再開に向けた課題に対し、JAがそれらを提供してサポートすることで､効果的に復興を後押ししている。

三つ目に、災害から復旧した後の地域農業振興においても、JAはかかわりをもつという点である。担い手不足や耕作放棄地といった課題解決のため、地域の話し合いの場に対策室が参加し、中山間地域の持続的な営農をサポートする体制をつくっている。

いずれも、JAでは対策室が中心となって取り組んでいる。農家と外部との窓口として、専属的かつ継続的に復興に取り組むチームを設置することは、災害からの復興において有効な方法の一つといえよう。

※6　行政による災害復旧事業は、農地を被災前の状態に戻す「原形復旧」が原則とされている。一方、元通りの復旧が不適当、困難な場合には、区画整理などをともなう「改良復旧」となる。朝倉市では区画整理型の農地の改良復旧が15地区で計画されている。

参考文献

・杉山大志（2020）「コロナ後における合理的な温暖化対策のあり方」『CIGS Working Paper Series No. 20-003J』

・津口裕茂（2016）「新用語解説　線状降水帯」『天気』63巻９号　p11-13
・農林中金総合研究所編著（2016）『東日本大震災　農業復興はどこまで進んだか 被災地とJAが歩んだ５年間』家の光協会
・内閣府（2018）『平成30年版防災白書』
・農林水産省（2020）「令和元年度食料・農業・農村白書」
・山下奈央ほか（2018）「2017年九州北部豪雨における福岡県朝倉市の土地利用変遷に基づく農業被害の特徴」『自然災害研究協議会 中国地区部会 研究論文集』第４号

# 人材確保と育成

# 第8章

# 作目別にみる農協仲介型援農ボランティアの定着要因
## ―多品目野菜生産と果樹類生産に着目して―

草野(くさの)　拓司(たくじ)

## はじめに

農業における人手不足が深刻化しているなか、援農ボランティアの取組みが注目されている。援農ボランティア制度に関する明確な定義はないが、たとえば狛江市によると、「農業者の方々の労働力不足を補うために、自然に触れ合いながら農業のサポートを行いたい市民等がボランティアとして農作業のお手伝いを行うというもの」とされている。

この取組みを進めるには、農業者（農家）と一般市民を結ぶ仲介役が必要であり、その役割を担うのに適していると考えられるのが農協である。農協は、農家との密接な関係があることに加え、准組合員や地域住民との接点も多いためである。

ところが、農協によるこの取組みは、筆者が知る限りでは1990年代には始まっているものの、一般市民と農家の参加を促してつなげ、定着させるためのノウハウがないため、現段階で大きな普及はみられない。

そこで本稿では、二つの農協を取り上げ、農協が仲介役としてこの取組みを定着させるに当たってのポイントについて検討する。なお、援農ボランティアの取組みは主に都市部において、多品目野菜生産あるいは果樹類生産でみられるものである。そのため事例とするのは、都市部において、一般市民と多品目野菜生産農家とをつなぐJA東京むさし三鷹支店、および一般市民と果樹類生産農家をつなぐJAなんすんである[※1]。

構成は以下の通りである。１節では、援農ボランティアの取組みの概要と課題を紹介する。２節で事例とする農協の実態を整理したうえで、３節でこの取組みを定着させるためのポイントを考察する。最後にまとめを行う。

※１　農林水産省「農業地域類型」でみると、JA東京むさし三鷹支店の管内は「都市的地域」と区分されている。JAなんすんについては、管内のうち裾野市は「中間農業地域」となっているものの、そのほかの沼津市、清水町、長泉町は「都市的地域」と区分されている。以上から、両農協を都市部の事例と位置づけている。

## 1. 援農ボランティアの概要と課題

### (1) 概要

援農ボランティアの取組みでは、仲介機関が一般市民と農家の参加を促し、両者をつなぐことで、実際の援農が実施される。前述のとおり、援農ボランティアの取組みは、主に都市部において多品目野菜生産あるいは果樹類生産でみられる。いずれも難しい技術を要さない労働力を必要としているが、前者は周年的な需要である一方、後者は収穫期などのスポット的な需要であり、それぞれに求められる援農のスタイルは異なる。そのため本稿では、それぞれの事例を取り上げ、定着のポイントについての検討を進める。

この援農ボランティアの取組みにはいくつかの効果があり、八木・村上（2003）や江川（2007）などは次のように説明している。援農参加者には、主に農作業から得る憩いや健康の増進といった、保健レクリエーション効果がもたらされる。受入農家には、主に農業経営の所得向上効果がもたらされる。それらに加え、都市農地の保全管理や緑地保全、人的交流・仲間作り、住民の農業への理解が深まることなど、派生的な効果もあるという。

なお、「援農ボランティア」という言葉から、報酬なしで援農を行うと想像されるケースが多いが、そればかりではない。報酬が一切ない場合がある一方で、「援農に携わった作物の持ち帰りがある」「昼食が提供される」「交通費の支給がある」などという場合もあり、取組みによってさまざまである[※2]。

※２　報酬については、小野（2019）などで詳しく説明されている。

### ⑵　課題

人手不足の解消など、さまざまな期待がかかる援農ボランティアの取組みであるが、既述の通り、現段階において大きな普及はみられない。その要因は、安藤・大江（2016）が「援農活動を活性化させる方法としては、参加者の増加と、在籍メンバーの参加頻度の向上が考えられる」というように、援農参加者の不足が一因と考えられる。

他方、深瀬（2015）が「援農ボランティア希望者数に対して受入れ希望の農業者数が少ない」と問題提起しているように、受入農家の不足も、その一因といえる。江川（2007）や八木・村上ほか（2005）によると、受入農家には、援農参加者への気配り・気遣いが必要であるという。それは、援農参加者が困らずに作業を進められているか、間違った作業をしていないか、ケガをしないかなどについてのことであろう。また、受入れのための準備にも負担･不安を感じる農家もいるという。そのため、人手不足の状況でも、援農ボランティアの利用に踏み込めない農家が多いのである。

では、このような状況下、仲介機関の役割を担う農協にとって、この取組みの定着のために何がポイントになるのだろうか。以下でみていこう。

## ２．事例の実態

既述のとおり、多品目野菜生産と果樹類生産において、求められる援農のスタイルは異なる。そこで本節では、前者への援農を仲介するJA東京むさし三鷹支店、後者への援農を仲介するJAなんすんを取り上げ、その実態を整理する。

### ⑴　JA東京むさし三鷹支店[※3]

#### a　JA東京むさしの概要と管内農業の特徴

JA東京むさしは、東京都三鷹市、小平市、国分寺市、小金井市、武蔵野市を管内とする。2019年３月31日現在の組合員総数は２万8,970人で、そのうち正組合員数は3,190人である。管内では主に多品目野菜が生産されている。三鷹市による市民農園や同JAによる体験農園の人気が高く、「農業を行いたい」「土いじりがしたい」というニーズが高い地域でもあるという。

※３　JA東京むさし三鷹支店と明記しているのは、支店単位で援農ボランティアの取組みを行っているためである。

b　活動内容

JA東京むさし三鷹支店（以下この項内では「三鷹支店」）では、高齢化・後継者不足等による人手不足が問題になっていた際、東京都農林水産振興財団（以下「振興財団」）から「東京の青空塾事業」の取組みの紹介を受け、2001年よりこの事業に着手した。目的は、農業者と交流を図りながら都市農業を応援してくれるボランティアを養成することに加え、そのボランティアを農家へ派遣し、農家と共に新鮮で良質な農産物等の生産を担ってもらうこととしている[※4]。募集の対象となるのは20歳以上の三鷹市民である。三鷹支店は振興財団・三鷹市との連携により、一般市民と多品目野菜生産農家をつなげる役割を担っている[※5]。

次頁図表１で、援農が行われるまでの流れをみていこう。最初に「援農ボランティア養成講座」（以下「研修」）の周知を行うため、三鷹市がその情報を市報・ホームページなどに掲載するのに加え、ポスターを三鷹市の施設やJA三鷹支店を含めた六つの支店で貼るなどしている[※6]。

希望者は、はがきで三鷹支店指導経済課に応募する。研修先の農家は、三鷹支店が組合員でありなじみのある各農家に依頼して集めている。

研修の期間は１年間で、座学２回、現地視察研修会１回、農家での実習10回以上[※7]、計13回以上となっている。受講生は、座学受講の際に振興財団に出向くが、現地視察研修会は三鷹市農業祭への参加であり、実習は三鷹市内の農家で行われる。この実習は、多品目野菜に関する播種・定植・間引き・除草・収穫・出荷調整などを学ぶ機会となっている。受講料は無料である。研修修了時には、修了生が、振興財団から「援農ボランティア」として認定される。その際の閉講式は三鷹市と三鷹支店

図表１　JA 東京むさし三鷹支店における援農ボランティアの流れ

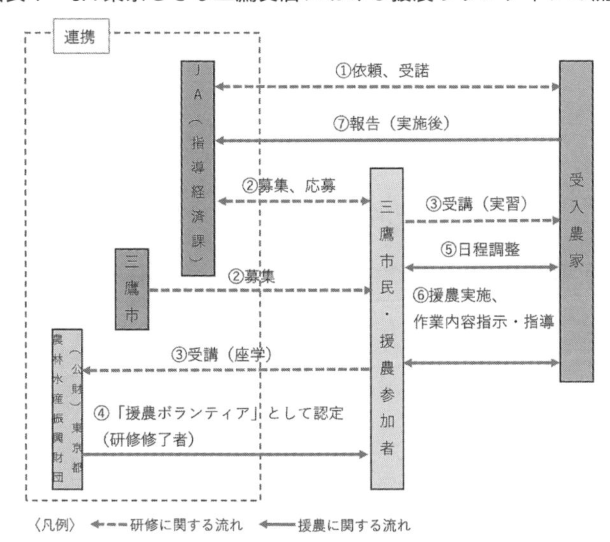


によって行われ、認定証は三鷹市長から修了生に授与される。そして閉講式の後には、修了生とこれまで受入れを行ったことのある農家、および過去の修了生が参加する交流会が開催される※8。そこでは、三鷹産の野菜等を使った料理が提供される。

次に、実際の援農についてみていこう。三鷹支店では、１年目の研修時の実習先農家が、２年目以降の援農先になるという方法を採っている。そのため、援農が必要になると、受入農家と援農参加者が相対で連絡をとり、日程調整をして、実際の援農が行われる。援農終了後は受入農家から三鷹支店に報告書が提出される。

１回の作業時間は半日である。多品目野菜の収穫や除草のほか、さまざまな軽作業を行う。それは、簡単で危険ではない手作業であり、機械操作等の技術が必要な作業は行わない。援農参加者への報酬はない。

実績をみると、2019年度までの「援農ボランティア」の認定者数は累計240人で、そのうち、2019年度の援農参加者数は60人となっている。援農参加者の平均年齢は60歳ほどである。参加者からは、「普段できない畑いじりができる」「土に触れられる」「収穫できる喜びを感じる」など、好評であるという。

2019年度における研修の受入農家数は４戸で、累計では32戸である。同年度に実際の援農を受け入れた農家数は14戸となっている。受入農家からは、「作付けを維持できるのは援農参加者のおかげ」「地域の人々との交流のために参加している」など好評という。

※４　JA 東京むさし三鷹支店提供資料等より。
※５　多品目野菜を中心として、花き、果樹、植木でも援農ボランティアが行われている。
※６　20年４月24日に一つの支店が統合されたため、以降は三鷹支店を含め五つの支店となっている。
※７　実習は各農家により回数が異なるが、10回以上行われる決まりとなっている。
※８　20年度は、修了生と同年度受入農家による交流会（意見交換会）として開催された。

## ⑵　JA なんすん

### a　JA なんすんの概要と管内農業の特徴

JA なんすんは、静岡県沼津市の戸田地区・井田地区を除く地域、裾野市、駿東郡の長泉町と清水町を管内とする。2019年３月31日現在の組合員総数は３万9,235人で、そのうち正組合員数は8,083人である。管内の農業はみかんと茶が中心である。管内では、沼津市振興公社が行う市民農園に空きがない[※9]など、一般市民の農業へのニーズは高い。

※９　同財団ホームページより。https://numazu-kousya.jp/saien/index.html（2020年２月14日参照）

### b　活動内容

JA なんすんでは、みかん収穫の労働力不足を補う目的で、2010年からこの取組みを始めた。募集の対象となるのは18歳以上であり、居住地や組合員資格等の制限はない。同 JA は、農協単独でこの取組みを実施し、一般市民と果樹類生産農家をつなげる役割を担っている[※10]。

次頁図表２で、援農が行われるまでの流れをみていこう。JA なんすんは、東京むさし三鷹支店とは異なり、作業内容の簡易な説明を行うにとどめ、研修を実施していない。受入れを希望する農家は申込書を営農経済センターに提出する。その後、同 JA でとりまとめを行った後、その都度、広報誌・ホームページ・チラシ・市報等で援農参加者を募集する。参加希望者は同 JA ホームページの応募フォームから申し込むか、

図表2　JAなんすんにおける援農ボランティアの流れ

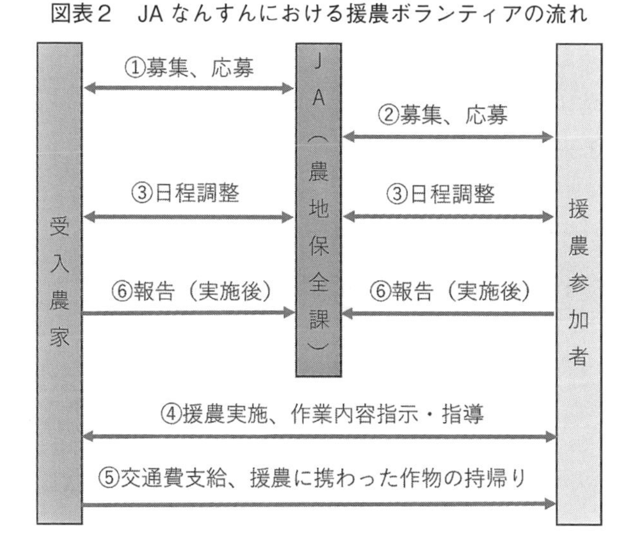


最寄りの支店で申し込む。それを受け、同JAが両者と日程調整・マッチングを行い、実施日を決定して、援農が行われる。

援農実施後、受入農家から援農参加者に交通費一律1,000円が支給されるのに加え、援農に携わった作物の持ち帰りがある[※11]。その後、援農参加者と受入農家から同JAへ報告が行われる。なお、援農参加者と受入農家が顔なじみになった場合などは、同JAを介さず、両者による相対のやり取りで援農が行われることもある。その場合、援農実施前に、受入農家から同JAへ報告されることになっている。

1回の作業は1日がかりで行われる。作目は特産品5品目である西浦みかん、長泉四ッ溝柿、愛鷹山麓ぬまづ茶、キンカンこん太、長泉白ネギにほぼ限定し、作業も収穫・出荷等に限定している。

実績をみると、2018年度の援農参加者数は以下の通りである。西浦みかん149人、長泉四ッ溝柿74人、愛鷹山麓ぬまづ茶42人、キンカンこん太29人、長泉白ネギ22人となっている[※12]。参加者の平均年齢は70歳代前半である。「地元の特産品に親しみながら、ボランティア同士でも仲を深めることができるのも楽しい」など援農参加者からは好評で、70～80％がリピーターになっているという。

2018年度の受入農家数は、西浦みかんの収穫38戸、長泉四ッ溝柿の摘果4戸・収穫8戸、愛鷹山麓ぬまづ茶の摘採2戸、キンカンこん太の摘果3戸・収穫3戸、長泉白ネギの播種・管理作業・収穫等3戸である。生産部会との連携に加え、JAなんすんから農家へ援農ボランティアによる所得効果の説明を行っていることもあり、受入農家数は増加している。「援農ボランティアのおかげで1日に収穫できるミカンの収穫量が格段に増えた」「長年同じ方に来ていただいているので、気心が知れていてやりやすい」など、受入農家からも好評である※13。

※10　果樹類を中心として、茶や野菜などでも援農ボランティアが行われている。

※11　特産品5品目である西浦みかん、長泉四ッ溝柿、愛鷹山麓ぬまづ茶、キンカンこん太、長泉白ネギのうち、長泉白ネギを除く4品目で、援農に携わった作物の持帰りが行われている。

※12　参加のべ人数の合計は1,247人。なお、草野（2020）において、西浦みかんの援農参加者数を「42人」としていたが、正しくは本稿にあるように「149人」である。お詫びして訂正する。

※13　援農参加者の声・受入農家の声は、広報『なんすん』2017年9月号、及びJAなんすんホームページ（http://www.ja-nansun.or.jp/fan/volunteer.html、2020年4月23日参照）より。

## 3．考察―定着のためのポイント―

農協仲介による援農ボランティアの取組みを定着させるためには、一般市民と農家の参加を促すこと、および実際の援農活動における満足度を高めることが求められる。本節ではそれらのポイントを明示するため、前節で取り上げた二つの事例から考察する。最初に両者の参加を促すためのポイントについて、次に実際の援農活動に両者を定着させるためのポイントについてみていくこととする。なお、図表3は各事例の特徴をまとめたものである。

### ⑴　参加を促すためのきっかけづくり

援農活動に関心はあるものの、参加を躊躇する一般市民と農家にとって、参加のきっかけが必要である。ただし、多品目野菜と果樹類できっかけは異なる。

多品目野菜の場合、年間を通してさまざまな野菜が生産されることか

図表３　各事例の特徴

| | | | | JA東京むさし三鷹支店 | JAなんすん |
|---|---|---|---|---|---|
| 基本情報 | | 活動開始 | | 2001年 | 2010年 |
| | | 体制 | | 連携<br>（東京都農林水産振興財団・三鷹市と） | JA単独 |
| | | 対象 | | 三鷹市民、20歳以上 | 居住地制限なし、18歳以上 |
| 特徴 | 援農前 | 研修の実施 | | 1年間、計13回以上 | なし |
| | | 研修の募集 | | JAと市による募集 | なし |
| | 援農活動 | 援農参加者の募集 | | なし（受入農家とのやり取り） | 広報誌・HP・チラシ・市報等で |
| | | 受入農家の募集 | | JAが行う | JAと生産部会が行う |
| | | マッチング | | 援農参加者と受入農家でやり取り | JAが行う。<br>顔なじみになると直接のやり取りも |
| | | 作業時間 | | 半日 | 1日 |
| | | 作目 | | 多品目野菜 | 主にみかん・柿等の５品目 |
| | | 作業内容 | | 収穫等簡単な作業 | 主に収穫作業 |
| | | 報酬 | | 報酬なし | 交通費の支給、<br>援農に携わった作物の持帰り |
| | | 連絡方法 | 援農依頼 | （受入農家⇄援農参加者）<br>両者に都合の良い方法でやり取り | （受入農家→JA）<br>営農経済センターで<br>申込書を提出 |
| | | | 参加希望 | | （援農参加者→JA）<br>支店で申込書を提出、<br>HPの応募フォームからも可能 |
| | | 実績(注) | 援農参加者数 | 60人 | みかん149人など、<br>のべ1,247人（５品目計） |
| | | | 受入農家数 | 14戸 | みかん38戸など、<br>のべ61戸(５品目計) |

資料　各JAでのヒアリング結果をもとに作成
(注) 実績の年度は、JA東京むさし三鷹支店19年度、JAなんすん18年度である

ら、すぐに実際の援農に参加することは難しいため、一年をかけてそれぞれの品目に必要な知識や技術を一通り学ぶ場となる研修がきっかけとなる。受入農家も、研修修了生を受け入れることになるので、安心感があり、教える手間が省け、受け入れやすい。また、研修終了後、実際の援農へ誘導することも求められる。閉校式の後に開催される交流会などがそのための場になる。そこには受入農家も参加するので、実際の援農への参加依頼の機会となる。すでに援農に携わっている人々も参加するので、実際の援農での経験が修了生に伝えられることで、研修で身につけた技術を試してみたいという修了生の気持ちを後押しすることになる。

果樹類の場合、援農が必要なのは主に収穫作業等に限定されるので、作業内容の簡易な説明を行うにとどめ、研修は実施されない。そこで求められるのが、より広く募集をかけることに加え、報酬により参加意欲

を高めることである。そのために、居住地や組合員資格等の制限を設けないこと、ホームページから申し込める簡便さ、交通費の支給や援農に携わった作物の持ち帰りを前提とすることなどが重要となる。また、農家の参加を促すためには、生産部会の協力を得ることに加え、所得効果の説明を行うことが効果的である。

### ⑵ 定着のための枠組みづくり

この取組みを定着させるためには、実際に援農を行う際、一般市民と農家が参加しやすいことに加え、両者が満足感を得やすい環境とすることが求められる。

そこでまず重要になるのが､作業と報酬のバランスをとることである。多品目野菜の場合、年間を通して生産が行われることから、周年での援農が必要となる。そのため、援農参加者には無理をかけないことが重要になるので、１回の作業を半日にとどめて報酬なしとし、保健レクリエーション効果を重視する方法が適している。このようにすることで、受入農家も金銭的・精神的負担が軽くなり、継続的な受け入れを望むようになる。他方、果樹類の場合、商品単価が高く適期の短い作目の収穫など、スポット的に不足する労働力を補うことが求められる。そのため、１回の作業を１日がかりとする一方で、交通費の支給や援農に携わった作物の持ち帰りを行う方法が適している。受入農家も援農参加者を受け入れて所得効果を実感することで､継続的な受け入れを望むようになる。

また、作目にかかわらず、定着のために必要なポイントもある。１つ目は、援農の場が農作業の従事にとどまるのではなく、人的交流・仲間づくりの場となるような工夫を行うことである※14。交流を楽しみにして参加しているという援農参加者・受入農家が多いことから、そのような場を設けることで、両者の満足感が高まる。そのためには、交流会の開催や相対でのやり取りを取り入れることが効果的である。

２つ目は、援農参加者と受入農家の参加意欲の低下を防ぐために、煩わしいやり取りをなるべく排除し、連絡方法を各々のニーズに応じた簡便なものにすることである。援農参加者と受入農家が相対でやり取りするのはその１つである。また、ホームページや近くの支店から簡単に申し込めるなど、多様な申込方法を設けることも求められる。

※14　江川（2007）、安藤・大江（2016）、岩崎（2019）などでも、人的交流と仲間づくりの重要性が指摘されている。

## おわりに

本稿では、農協仲介型援農ボランティアの取組みが定着するためのポイントについて、多品目野菜生産と果樹類生産に分け、検討した。結論は以下の通りである。

まず農協には、一般市民と農家の参加を促すようなきっかけづくりが求められる。多品目野菜の場合、それに当たるのが研修の実施および修了時の誘導である。受入農家にとっても、研修修了生であれば受け入れやすい。果樹類の場合、研修を行わないことから、居住地制限などを設けないことにより広く募集をかけることに加え、交通費支給・援農に携わった作物の持ち帰りを前提にして参加意欲を高めることがポイントとなる。また、生産部会と連携することと、農家への所得効果の説明を行うことにより、農家の参加を促すことができる。

次に、農協には、一般市民と受入農家を実際の援農に定着させるための枠組みづくりが求められる。援農活動への定着のためには、両者に満足感を与えることが必要であることから、多品目野菜生産では半日作業・報酬なし、果樹類では１日作業・報酬ありとするなど、作業と報酬のバランスを確保することが求められる。また、作目に関わらず求められるものもある。人的交流・仲間づくりの場となるような工夫を行うこと、簡単に参加できるよう煩わしいやり取りを排除することなどがそれに当たる。

なお、本稿では触れなかったが、両事例では負担軽減のための工夫もみられた。たとえば、連携先の行政等と役割分担・費用分担する方法はその一つである。研修を行わないことでも農協の負担は軽減される。援農参加者と受入農家による相対のやり取りを勧めることで、マッチング等の負担も軽減される。援農ボランティアの事業実施において農協の収入はほぼ見込めないことから、この取組みの定着のためには以上のような負担軽減策が必要であり、そのポイントについてより詳しく検討することが求められるといえる。これについては、今後の課題としたい。

〈参考文献〉


・安藤裕貴子・大江靖雄（2016）「援農ボランティアの参加頻度の決定要因分析―千葉県我孫子市を対象として―」『農業経済研究』第87巻４号、418〜423頁
・岩﨑真之介（2019）「市民と農をつなぎ、市民同士を結びつける援農システム－ JA 相模原市・NPO 援農さがみはら（神奈川県）の取り組み」『月間 JA』Vol.773、10〜14頁
・江川章（2007）「援農活動の実態と今後の課題―東京都における援農ボランティア―」『農業協同組合経営実務』第62巻８号、36〜41頁
・尾高恵美（2017）「人手不足の柑橘農家と援農ワーカーのマッチング―八幡浜お手伝いプロジェクトの取組み―」『農中総研 調査と情報』web 誌、７月号、61、14〜15頁
・小野智昭（2019）「無償農業ボランティアの作業条件と作業環境」『農業経済研究』第91巻第３号、384〜389頁
・草野拓司（2020）「農協仲介による援農ボランティアの定着要因―４つの事例の検討から―」『農林金融』４月号、２〜16頁
・小柳洋子（2016）「個人仲介型援農の意義と可能性 ―神奈川県藤沢市における援農の事例から―」『農村生活研究』第59巻第２号、14〜21頁
・小柳洋子・田畑保（2012）「生消交流における援農と農作業体験，産地訪問の意義」『明治大学農学部研究報告』第62巻第２号、49〜59頁
・佐藤忠恭（2017）「都市農業における援農活用農家に求められる要件―神奈川県内を事例として―」『神奈川県農業技術センター研究報告』第161号、25〜34頁
・徳田博美（2019）「農業労働力不足の実態と外国人労働者の役割」『農業と経済』Vo.85、No,12、15〜23頁
・深瀬浩三（2015）「都市農業の新たな担い手としての援農ボランティア」『地理』第60巻第７号、42〜49頁
・舩戸修一（2013）「「援農ボランティア」による都市農業の持続可能性：日野市と町田市の事例から」『サステイナビリティ研究』第３号、75〜83頁
・八木洋憲・村上昌弘（2003）「都市農業経営に援農ボランティアが与える効果の解明―多品目野菜直売経営を対象として―」『農業経営研究』第41巻第１号、100〜103頁
・八木洋憲・村上昌弘・合崎英男・福与徳文（2005）「都市近郊梨作経営における援農ボランティアの作業実態と課題」『農業経営研究』第43巻第１号、116〜119頁
・渡辺啓巳・八木洋憲（2006）「援農システム普及の課題と可能性に関する考察」『農村生活研究』第49巻第３号、６〜12頁

# 第9章

# 特定技能外国人の受け入れにかかるJAの対応方針

石田（いしだ） 一喜（かずき）

## はじめに

2019年4月以降、「特定産業分野」と定められた分野に限り、在留資格「特定技能」を通じた外国人労働者の雇用が可能となっている。技能実習制度と違い、特定技能は人手不足の解消が創設目的であり、各分野の労働力ニーズに幅広く対応することができる。農業分野も特定産業分野の一つであり※1、特定技能の施行前後における農業現場の期待は相当高かった。

しかしながら、制度の周知や準備に時間を要したこともあり、施行初年度から雇用が急増したわけではない。19年度の農業分野の雇用人数は686名となり、特定産業分野の中では、飲食料品製造業（1,402名）に次いで2番目に多いとはいえ、国が当初設定していた受け入れ見込数（5年間の最大値）3.65万人と比べると、相当少ない水準であった。

転じて、施行2年目となる20年度は、農業者や産地等が受入準備を進めたこともあり、雇用人数の増加が見込まれていた。ところが、新型コロナウイルス感染症の感染拡大により、入国制限措置が講じられたため、「出鼻をくじかれた」状況となっている。ただし、いま日本国内にいる技能実習生の修了者の在留資格を特定技能に変更し、引き続き雇用するケースは、20年度に入ってから着実に増加している。また、徐々にではあるが、入国制限の緩和措置も検討され始めており、海外にいる外国人の雇用が再開される期待が高まっている。また、いまなお人手不足に直面する農業者が多いため、特定技能を通じた雇用に対する関心は依然高いと考えられる。JA や県域の中央会では、関心を持つ組合員等から相談される機会が増えることが見込まれるため、その対応を検討しておくことが重要となろう。

そこで本稿では、特定技能外国人の雇用における JA グループの役割を類型化し、そこでのポイントを考えてみたい。具体的な構成としては、まず、「コロナ禍」前後における特定技能外国人の位置づけを整理する。次いで、特定技能に対する JA グループの対応内容をいくつかのパターンに分類し、各パターンの留意点を示すことにしたい。

※1　農業分野における外国人受入れのこれまでの経緯や特定技能の概要については、石田一喜（2018a）、石田一喜（2018b）にまとめている。すべての産業を対象とした概要と手続きについては杉田（2020）が参考となる。

## 1．コロナ禍前後の特定技能の位置づけ

新たな「食料・農業・農村基本計画」（20年３月31日閣議決定）は、これまでの基本計画と比べて、生産現場の人手不足対策に関する記述が多い。その内容をみても、新規就農者の確保から多様な人材とのマッチングの強化、スマート農業の導入や「農業支援サービス」の普及など、これまで以上に多岐にわたる内容が取り上げられており、いずれも成果が期待される内容となっている。

そのうえで、本稿が注目したいのは、上記の取組みを進めたとしても「なお不足する人材を確保するため、特定技能制度による農業現場での外国人材の円滑な受入れ」を重視することを明示している点である。

特定技能に対して、いわば「最後の砦」といえる役割を期待しており、それほど農業分野では、外国人の存在が必要不可欠と認識される状況だったといえる。逆にいえば、上記の取組みで十分な成果が実現しなければ、外国人労働力への依存が一層進む可能性が示唆されているとも解釈できよう。

ところが、20年４月以降、新型コロナウイルスの感染拡大にともなう

入国制限等により、外国人の来日が困難となった。その結果、特定技能外国人の雇用は、いま日本に在留している技能実習修了者などの外国人の雇用に限られることとなり、新たな外国人の受入れを予定していた農業者は、突如「人手不足」に直面した。

こうした事態への対応として、基本計画が掲げていた対策の取組みが開始され、とりわけ農業以外の産業との連携を通じた人材の融通が全国各地で急速に進んだ。この間、JAグループも労働力相談窓口の設置や求人サイトを新設・拡充し、農業者の労働力確保を積極的に支援している。なお、今回の連携をきっかけとして、「従業員シェアリング」「雇用シェアリング」に対する世間的な関心が高まっており、労働力に関する農業と他産業の連携が今後広まっていくことが期待されている。

とはいえ、これらの連携ですべての人手不足が解決される状況ではない。農業者や産地等の特定技能への期待は依然高く、とくに入国関連の手続きをすでに進めていた農業者等は、早期に入国制限が緩和され、雇用が実現することを待望する状況にある。

農業分野以外をみても、特定技能への期待は維持されている。たとえば、全国知事会「新たな外国人材の受け入れプロジェクトチーム」は、新型コロナウイルス感染症の影響があってもなお、外国人労働者の増加が見込まれること、そのために外国人の受け入れ施策の拡充と環境整備が必要となることをまとめ、国に対して提言を行っている（20年７月13日）。続く７月14日に開催された「外国人材の受入れ・共生に関する関係閣僚会議」では、「現下の新型コロナウイルス感染症への対応を適切に行いつつ、引き続き、外国人材を円滑かつ適正に受入れ、受入れ環境をさらに充実させる」ことを確認し、それに応じた「外国人材の受入れ・共生のための総合的対応策」を再改訂している。国の方針として、特定技能を通じた受入拡大が継続して見指されているとみるべきだろう。

20年下期には往来も再開されたが、21年１月は再び入国不可となっている。しかしながら、外国人の来日前後に留意すべき事項や来日後に意識すべきポイントが増えることは間違いないとはいえ※2、日本国外にいる外国人の雇用はいずれ再開されるとみることは可能であろう。また、このタイミングでは、農業者が特定技能に再び関心を持ち、行政やJAグループに相談する機会が増えるとも予想される。

※2　石田（2020a）および石田（2020b）では、「WITH（ウィズ）コロナ」を踏まえて、農業分野の外国人受け入れにおいて留意すべき点の検討を行っている。

## 2．JAグループの対応の方向性

### (1)　特定技能への対応について留意すべきポイント

特定技能に対するJAグループの対応の方向性を考える場合、以下の4点が留意すべきポイントとなる。

一つは、品目の特性や地域性によって、農業者の労働力ニーズの性質が異なる点である。たとえば、降雪地帯のように繁忙期と閑散期が明確に分かれ、農作業ができない期間が存在するエリアでは、年間を通じた雇用が難しく、労働力ニーズは短期的なものとなりやすい。一方、畜産や施設野菜では、継続して人手が必要なことが多く、長期的な雇用が好まれる。

いま一つは、これまで外国人の雇用に携わった経験の有無である。技能実習生の受入経験がある農業者は、すでに外国人の住居を用意しているほか、受入れにかかる手続きや労務管理をある程度理解していることが多い。一方、これまで雇用経験がない者にとっては、新たな取組みとなるため、当初は全面的なサポートが必要と考えられる。そもそも、特定技能外国人の雇用については、労働者を少なくとも6か月以上継続して雇用した経験が必須条件となる。そのため、雇用経験の有無は早いタイミングで確認すべき事項といえる。

3点目は、これまでJAが行ってきた農業者支援にかかる事業内容を把握し、特定技能への対応への援用が可能か検討することである。たとえば、職業紹介事業を行うJAは、労働力ニーズを有する農業者を特定し、労働力が必要となる時期や人数も知見を有するなど、管内の状況を理解していることが多い。さらに、農業者等の雇用契約締結についてもサポートすることが可能である。また、作業受託の仕組みを有しているJAは、自ら特定技能外国人を雇用し、作業受委託契約の締結を通じて組合員等の農作業を支援できる。このとき、JAが「農作業請負方式技能実習」を行っていれば、その延長として特定技能外国人の雇用を考えることができる[※3]。

このように、既存事業の仕組みやノウハウを援用することは、特定技能に関する対応をスムーズかつスピーディーに行うことにつながる。その典型が、技能実習制度にかかる監理団体業務を行うJAであり、すでに特定技能への対応を検討している事例が多い。

最後の点は、JAにおける人手不足の有無、ひいては特定技能外国人の雇用の必要性の有無を判断することである。とくに大規模な選果場等を有するJAでは、選果場等に従事する職員の離職が進む一方で、新たな雇用が実現できておらず、人手不足に悩むケースが増えている。

特定技能の場合、技能実習制度では不可とされている出荷・調製作業を主な業務とする雇用も認められている。選果場等での労働力確保を目的に特定技能外国人の雇用を検討することも可能だ。選果場内でのスマート農業の実践を進める事例が出てきているとはいえ、特定技能を通じた労働力確保を進めるJAも少なくないと見込まれる。

※３　「農作業請負方式技能実習」については、石田（2019）に概要とポイントをまとめている。

### ⑵　具体的な対応パターン

前節でまとめた四つのポイントを踏まえてみると、JAグループの対応は、⑴組合員等による特定技能外国人の雇用を支援するか、⑵JA自らが雇用主となるか、の二つに大きく分けられる。

組合員等が雇用する場合の支援については、労働力ニーズの長短を問わず、雇用する外国人の紹介、雇用に至るまでの手続きに関する支援が必要となる。また、特定技能では、雇用主による各種生活支援の実施が原則となるが、雇用主が自ら対応できないと判断する場合は、外部組織への委託が認められている。よって、こうした紹介者ないし委託先の役割が、JA等に期待される可能性はある。さらに、個々の労働力ニーズが短期的な場合、ニーズを組み合わせて継続的な就業機会を創出することが求められるケースが多く生じることが予想され、JA等に対して労働力ニーズを集約し、調整する機能を求める声もある。

なお、これらの内容に関しては、JAが登録支援機関となることで幅広い対応が可能となる。つまり、登録支援機関は、生活支援の実施に関して委託先になることができ、さらに職業紹介事業者を兼ねていれば、労働力ニーズの調整も主体的に進めることができる。また、登録支援機関は、特定技能にかかる手続きに限り、ビザ申請時の申請取次者※4となることが認められているため、受入れにいたるまでの各種手続きをサポートすることもできる。

ただし実際は、技能実習制度の監理団体でない限り、JAが単独で外国人雇用に関連する業務を開始することは容易ではないだろう。県域をカバーする中央会等が登録支援機関となり、複数のJA管内のニーズに対応する事例も出ているが、その場合でも、雇用する外国人の紹介などは、海外の人材紹介事業者（送出機関など）との関係性が必須となるなど、課題がないわけでない。

このとき、JAが民間事業者と連携することは一案である。民間事業者に対しては、組合員等が直接依頼することもできるが、どの事業者に相談するか悩むケースが多い。そこで、JAが農業者の最初の相談窓口となり連携先を提示できれば、その負担を軽減させることができる。民間事業者にとっても、なかなか知りえない個別の農業者の労働力ニーズを紹介してもらえることをメリットと感じる可能性が高いため、両者の連携は十分ありえる。

JA等が雇用主となる場合については、JA等が直面する人手不足を念頭におくケースと組合員等の労働力支援を念頭におくケースに分けられる。後者については、JA等が雇用手続きと労務管理を担当したうえで、組合員等の圃場等で従事可能とするための仕組みを別途設ける必要がある。具体的には、作業受委託の仕組みを活用するか、派遣形態での雇用とするかを選ぶこととなる。

図表1は、これまでの内容をまとめ、JAの対応を5パターンに分類したものである。このうち、いずれかのパターンがすべての状況におい

図表１　JA等による特定技能への対応パターン

（１）組合員等による特定技能外国人の雇用を支援
① ＪＡが登録支援機関となり、組合員等をサポート
② 中央会等が登録支援機関となり、県域のニーズに対応
③ 民間事業者と連携し、ニーズに対応

（２）ＪＡ等が特定技能外国人を雇用
① ＪＡ等の業務に従事
② 組合員等の労働力確保を支援（作業受委託・派遣）

資料　筆者作成

て最良ということはない。それぞれのJAや県域が直面している現状を踏まえて、最もニーズに合うものを選択すべきである。

特定技能の対応を検討するまでに、管内や県域の労働力ニーズをできる限り広く収集し、その性質を見極めることが重要であろう。

※４　申請取次とは、外国人本人や受け入れる農業者に代わって、申請書等の提出等を行うことを指す。特定技能にかかる場合に限り、登録支援機関が申請取次者となることができる。なお、これらの申請書等の作成代行は認められていない（作成支援は可）。

## ３．各パターンの留意点

以下、図表１で示したパターンごとに、実施に至るまでの手続きと実施前に検討が必要な事項を中心とした留意点を述べてみたい

### ⑴　JAが登録支援機関となり、組合員等をサポート

JAが登録支援機関となるにあたっては、管内に特定技能外国人を雇用し、JAに支援の実施を委託する農業者がいることが必要条件となる。

このとき、特定技能外国人の雇用に関心がある農業者等が多くても、すでに技能実習生の受入れにおいて関係を有する監理団体が登録支援機関となって支援することが確定しているケースも多いので注意を要する。一方、JAが監理団体としての業務を行っており、技能実習生の受け入れ先が特定技能に関心を示していれば、登録支援機関となることを想定すべきだろう。

登録支援機関として業務を行うためには、登録拒否事由に該当しないことを示したうえで、出入国在留管理庁長官の登録を受ける必要がある。登録にあたり、JAの定款や登記上の目的において登録支援機関として支援を行う旨の記載は必須ではなく、各JAで判断すればよい。

登録拒否事由と関連する事項としては、登録支援機関として実施する支援活動を適切に行う体制があることを示す必要があり、中長期在留者（技能実習生含む）の受入れや管理を適正に行った実績を求められる。こうした実績がない場合は、中長期在留者の生活相談業務に従事した経験がある支援責任者・支援担当者を選任すればよいが、JA内にこうした経験がある職員がいるかがポイントとなる。

また、登録支援機関としての支援活動については、外国人が十分に理解することができる言語で行うことが必須とされ、外国語を習得している者の確保が重要となる。ここで、通訳者を介することは認められている。すでに登録支援機関となるJAでは、連携している送出機関の現地駐在員で近隣にいる者に通訳を依頼するケースもみられる。

事業の収支計画を考える際は、各種の料金設定が重要となる。委託料については、地域ごとに水準が異なっているものの、技能実習制度における監理費がベースとなる傾向がみられる。登録支援機関として行う申請取次の料金については参考値が少ないが、同じく近隣の水準を調べて設定することが望ましい。

### (2) 中央会等が登録支援機関となり、県域のニーズに対応

県域をカバーする中央会等が登録支援機関となることは、JAが特定技能外国人を雇用し、支援活動を外部に委託したいというニーズがある場合に意義を有する。また、登録支援機関となることを断念したJAの管内の農業者等に委託する希望が多ければ、そのニーズにも対応可能となる。すべてのJAにおいて、中長期在留者の生活相談業務に従事した経験がある職員がいるわけではないことを勘案すると、県域を広くカバーできる組織を登録支援機関とするメリットは大きい。

本パターンでは、支援業務の担当者の設定がポイントとなる。たとえ

ば、中央会が登録支援機関となり、県庁所在地にある中央会の職員が業務を担当することを想定してみると、委託する組合員等の数が多く、かつ県域の範囲が広ければ、移動時間だけでも多くの時間を要してしまう。また、業務内容についても、現地の事情や農業者の特性については、比較的会話の機会も多いJA職員の方が詳しく、かつ対応しやすいと考えられる。ただし、同じJAグループとはいえ、制度上はJAと中央会は別の組織となるため、JAの職員が登録支援機関となる中央会職員に代わり業務を直接行うことができない。登録支援機関となる組織の職員とJA職員の連携体制を事前に構築するか、何らかの工夫が必要となる。

### ⑶　民間事業者と連携し、ニーズに対応

農業者等の雇用の支援にあたり、民間事業者と連携するパターンでは、連携先の選定がポイントである。委託先となる登録支援機関の所在地等に関する規定はないが、日常的なやり取りを勘案すれば、近隣にある登録支援機関との連携が望ましいと考えられるケースもある。

なお、組合員等による直接雇用の支援については、登録支援機関との連携を念頭におくべきであるが、労働力支援という観点に立てば、派遣事業者との連携を視野に入れてもよい。この場合、JAは特定技能外国人の受入れを希望する組合員等と派遣事業者の間に立ち、さまざまな調整を行うことになる。派遣事業者は、周年を通じた安定的な派遣先の確保を要望しており、JAグループに労働力ニーズの集約を期待する声が多くなっている。派遣料の水準を見据えながら、派遣に関する連携事例が今後増えることも見込まれる。

とりわけ群馬県や長野県の高原野菜地帯での派遣事業を行う事業者は、これらのエリアでの派遣契約が終了した後、11月～３月頃までの別の派遣先を確保し、周年で派遣先を確保する「産地間リレー」「県間リレー」の実現を目指している。冬場の労働力ニーズがあるエリアでは、こうした事業者と連携するメリットが大きいと考えられる[※5]。

※５　2020年８月15日の日本農業新聞によれば、JA長野県農業労働力支援センターが、長崎県のJAグループが出資する人材派遣会社「㈱エヌ」と連携し、特定技能外国人の在留

資格を持つ外国人をリレー雇用する取組みを開始している。また、JAグループのイノベーションラボであるAgVenture Lab（アグベンチャーラボ）が運営するJAアクセラレーターに採択された「㈱シェアグリ」のほか、「地球人.jp㈱」「㈱グロップ」などの民間の派遣事業者も県間をまたぐ産地リレーに取り組む予定となっている。

### ⑷ JA等が雇用し、JA等の選果場や圃場の業務に従事

JA等による特定技能外国人の雇用は、主に選果場等で人手が不足するケースに応じる内容となる。雇用に際しては、まず、従事する内容と必要な時期および期間を確認すべきであり、必要な時期が短期的であれば、派遣事業者から派遣を受け入れることが検討されてもよい。

次に、雇用する外国人を紹介してくれる組織を探す必要がある。すでに特定技能外国人を雇用している組合員等がいれば、その「口コミ」を参考とすることも一案である。

この間、自らが特定技能外国人の所属機関（雇用主）となるための各種の要件等を満たしているかを確認しつつ、受入申請時の提出書類として必要になる「雇用条件書」にかかる事項（雇用期間、労働時間等、賃金水準など）やJAにおける身分（常勤の臨時職員など）の扱いを決定しておく。また、各種の生活支援について、登録支援機関への委託の有無を判断することを同時に進めておくべきである。
このとき、外国人の住居の確保などは、見つかるまでに時間を要することもあるため、早い段階から検討を開始しておくことが望ましい。

### ⑸ 組合員等の労働力確保を支援（作業受委託・派遣）

JA等が雇用し、組合員等に労働力支援を実施するためには、作業受委託（作業請負）の仕組みを構築するか、労働者派遣事業を行う必要がある。

前者の作業受委託の場合、JA職員が特定技能外国人に対して指揮命令することが必須となる。そのため、特定技能外国人はJA職員と一緒になって、受託した業務に従事することが一般的となる。

ポイントは、こうした作業受託体制を構築できるかであり、JA内の営農部門との連携が必須となる。とりわけ新たに事業を開始する場合は、

委託のニーズの把握・集約方法が課題となりやすい。この点は、管内で人手が不足する時期が競合する品目がある場合は、さらに複雑となる。

また、作業受託にかかる料金設定も課題となりやすい。これは、作業受託料金が作業の完了に基づく対価となり、10a当たりなどの単位で設定することが原則であることに由来する。かつ稲作以外の品目において作業受委託がそれほど一般的でないため、参考となる値が少ないことも影響している。作業に要する人数と時間、必要となる機械にかかる費用等を広く勘案した設定が望ましい。

また、委託する農業者数が増えれば、雇用する外国人数の増加を検討すべきであるが、同時に作業できる圃場数はJA職員数に規定されることに留意する必要がある。一般に作業受託は、チームなど同時に大人数で取り組むべき作業や機械等の導入による効率化が可能な作業に向いているという特性を踏まえるべきであろう。

一方、派遣の場合は、派遣先の農業者が特定技能外国人に対する指揮命令者となる。派遣事業者は雇用する外国人をリクルートし、入国関連の手続きを進め、来日後は派遣先の調整や労務管理を行う。栽培・飼養管理において農業者の個人差が大きい品目など、農業者が直接作業することが望ましいケースは、派遣向きだといえる。

派遣については、作業する事業所までの移動方法や住居の確保が課題となりやすいが、派遣料金の設定もポイントであり、事業収支を踏まえつつ、組合員等から利用が見込まれる水準を見極める必要がある。ただし、時間当たりの単価設定が可能なため、作業受託料金と比べれば検討が容易ともいえる。

そのほか、派遣事業については、労働者派遣法にかかる事項への配慮が重要となる。

その一つが、15年９月に施行された改正労働者派遣法に基づく、いわゆる「３年ルール」の適用であり、同一の組織単位で３年を超えた派遣就業はできないこととされている。そのため、継続して派遣することが見込まれる場合は、３年が経過したときの対応を事前に検討しておくべきである。

その対応方法の一つは、３年経過後、派遣先を変更することであるが、仕事に慣れた外国人を継続的に受け入れたいニーズは強いと予想される。そのような派遣先では、派遣労働者を直接雇用することを検討する可能性があるので、そうした直接雇用への移行支援を事前に準備することが重要となる。このとき、登録支援機関となっていれば、直接雇用に移行した後も派遣先を継続的にサポートできる。このほか、当初から特定技能外国人を無期雇用することで、３年ルールの適用対象外とすることもできる。

また、20年４月１日に施行となった改正労働者派遣によって、派遣元となる事業者は「派遣先均等・均衡方式」（派遣先の通常の労働者との均等・均衡待遇の確保）か「労使協定方式」（一定の要件を満たす労使協定による待遇の確保）のいずれかの待遇決定方式を採用し、派遣労働者の同一労働同一賃金を確保することが求められていることも配慮する必要がある[※6]。

なお、労働者派遣法および関係業務取扱要領等では、JA が派遣事業者になることを排除していない。しかし、JA の信用事業の貯金額が負債とみなされてしまうことから、派遣事業者が事業を的確に遂行するための財産的基礎の判断要件の一つである「基準資産額（資産額の総額から負債の総額を控除した額）が負債総額の７分の１以上であること」を満たすことができないケースが多いという問題がある。よって、JA が直接派遣事業を行うよりは、JA 出資型法人や県域の中央会等が派遣事業者になりやすいかもしれない。

すべてのパターンに共通して、ニーズの把握、職員の配置を含めた体制の構築の可否、事業計画・収支計画の検討、雇用条件の設定が必要だといえる。また、住居の確保を含めて、生活者としての外国人を支援する仕組みの構築が不可欠となっている。

※６　労使協定方式については、厚生労働省令で定める「同種の業務に従事する一般の労働者の平均的な賃金の額」と同等以上となることが必要とされている。2021年度に適用される水準については、新型コロナウイルス感染症による雇用・経済への先行きが明らかでないことを理由として、20年度の公表時期（８月）より遅れて、今秋を目途に示される予定となっている。

## ４．特定技能を通じた労働力確保の懸念事項

先に述べた通り、特定技能は人手不足の解消が目的である。幅広い労働力ニーズに対応可能な制度内容となっていることから、特定技能外国人の受入れの拡大によって労働力の確保がある程度実現することが広く期待されている。

ただしそれは、農業分野での従事を希望する外国人が存在してはじめて達成されることである。日本と同じく外国人労働力の受入れに積極的な韓国や台湾、中東などとの人材獲得競争の激化の影響があるほか、外国人の母国の経済発展が進み、日本との賃金格差が縮小するなかで、日本で働く魅力は年々低下している。したがって、日本で働くことを希望する者が将来的にどの程度いるのかは未知数である。さらに農業分野は、特定産業分野となる他分野より賃金が相対的に低いため、稼ぐことを目的とする外国人は農業への就業を希望しないとも考えられる。

こうした事情から、「呼べば来てくれる」状況がいつまでも続くとは限らない。外国人に選ばれる国、選ばれる産業、選ばれる産地になるための努力をなくして、農業分野の労働力確保の手段として特定技能に期待しすぎてはならないだろう。また、今回のコロナ禍で起きたように突如入国が不可となる突発的なリスクもある。改めて外国人労働力への過度な依存はリスクをともなうことを認識することが重要である。

新型コロナウイルスについていえば、日本国内で働くことに不安を感じることを払拭する配慮も新たに検討すべきだろう。

## おわりに

最後に、特定技能に関連する内容として、以下２点を述べておきたい。

一つは、20年４月に施行された「パートタイム・有期雇用労働法」への対応の必要性である。同法によって、特定技能外国人を含む有期雇用の労働者と無期雇用の労働者間での待遇の差をなくし、同一労働・同一賃金とすることが求められることになり、農業者の多くが該当する中小企業では、１年の猶予期間の後、21年度４月１日から適用が開始される。

これをきっかけとして、外国人の待遇条件を再確認し、必要があれば見直しをはかることが望ましい。JA は、労務管理に不安がある農業者に対する積極的な支援を行ってもよいだろう。

いま一つは、他産業との連携を踏まえた、「特定地域づくり事業推進法」への対応である。本法は、季節ごとの労働需要等に応じた複数の事業者の事業に従事するマルチワーカーに係る労働者派遣事業を行いやすくする内容であり、新制度として注目される内容である。「特定地域づくり事業協同組合制度に係るＱ＆Ａ」によれば、特定技能外国人を派遣労働者としてもよいとされており、管内の市町村で類する取組みがあれば、特定技能への対応をあわせてフォローすべきと考える。

参考文献
・石田一喜（2018a）「外国人労働をめぐる農業生産構造の現実」『AFC フォーラム』2018年６月号
・石田一喜（2018b）「新たな在留資格『特定技能』の概要」『農林金融』2018年12月号
・石田一喜（2020a）「コロナ禍における人手不足の背景と対応 ―農業労働力及び農業分野の外国人受入れを中心に―」『農中総研ウェブレポート（2020年６月11日）』
・石田一喜（2020b）「コロナ禍における「人手不足」― 農業分野の外国人受入れに注目して ―」『農中総研　調査と情報』20年７月号
・杉田昌平（2020）『外国人材受入れサポートブック』ぎょうせい

# 第10章

# 地域での連携による農業への新規参入支援と農協の役割

長谷（ながたに） 祐（たすく）

## はじめに

農業の担い手・後継者不足が懸念されるなか、地域農業の振興に向けて農外からの新規就農への期待が高まっている。

新規就農支援については、2012年度に創設された青年就農給付金事業（16年度からは「農業次世代人材投資事業」。以下では、15年度以前について述べる場合も「農業次世代人材投資事業」と表記する）によって、就農における資金面でのハードルが下がったことから、現在までに各地で取組みの進展がみられている。

ここで注意が必要なのは、農業は土地から切り離すことができない産業であるため、新規就農支援は「就業支援」であると同時に、「生活・定住支援」の側面も有しているという点である。このため、一つの組織や機関が新規就農支援を担うのではなく、「地域での受入れ」として、地域内のさまざまな関係機関・主体による連携が必要となる※1。

地域の農業者組織である農協も連携主体の一つとなることが期待されており、実際にそうした事例は数多く報告されている。

さて、農外から就農する際、主に「雇用による就農」と「創業による就農」の二つの形態が考えられる。農林水産省「新規就農者調査」でも、前者を「新規雇用就農者」、後者を「新規参入者」として把握している。

このうち、新規参入者は就農前から定着に至るまでの過程でさまざまな課題に直面することから、とくに支援が必要とされている。

そこで本稿では、地域で展開されている新規就農支援について、主に新規参入者に対する支援に焦点を当て、連携による効果と農協が果たす役割、連携体制のあり方について整理することを目的とする。

※1　農業次世代人材投資事業にかかる実施要綱においても「関係機関との連携」として、「都道府県、市町村、（中略）、農業協同組合、農業委員会（中略）等の関係機関は互いに密接に連携し、（中略）就農者が定着し、地域の中心となる農業経営者となっていくまで、丁寧にフォローするものとする。」と記載されている。

## 1．新規参入をめぐる状況

### ⑴　農外からの新規就農の動向

農林水産省「新規就農者調査」によると、新規就農者全体の数は近年微減傾向にあるものの、年間約5.5万人で推移している。ここで「新規参入者」および「非農家出身の新規雇用就農者」を「農外からの新規就農者」として、その動向を確認してみよう[※2]。

18年における農外からの新規就農者は11,280人であり、新規就農者全体の20.2%に過ぎない。一方、この農外からの新規就農者を年齢別にみると、49歳以下が73.8%（8,320人）を占めていることがわかる（図表1）。

図表1　農外からの新規就農者の推移

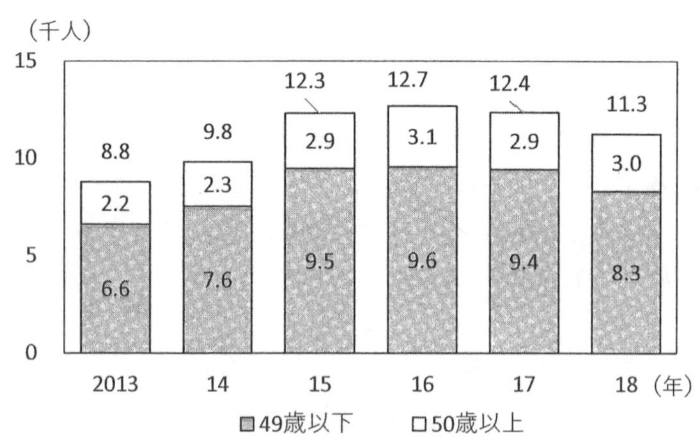


資料　農林水産省「新規就農者調査」

図表２　農業次世代人材投資事業の交付実績

（単位　人）

| | | 12年度 | 13 | 14 | 15 | 16 | 17 | 18 |
|---|---|---|---|---|---|---|---|---|
| 準備型 | | 1,707 | 2,195 | 2,410 | 2,477 | 2,461 | 2,342 | 2,176 |
| | 非農家出身 | 1,133 | 1,410 | 1,459 | 1,567 | 1,555 | 1,495 | 1,407 |
| | 農家出身 | 574 | 785 | 951 | 910 | 906 | 847 | 769 |
| 経営開始型 | | 5,108 | 7,890 | 10,090 | 11,630 | 12,318 | 12,672 | 11,498 |
| | 非農家出身 | 2,407 | 3,642 | 4,829 | 5,334 | 6,008 | 6,369 | 6,229 |
| | 農家出身 | 2,701 | 4,248 | 5,261 | 6,296 | 6,310 | 6,303 | 5,269 |

資料　農林水産省「農業次世代人材投資事業（旧青年就農給付金事業）の交付実績について」各年度版

農外からの新規就農者の多くは年齢が若く、彼らへの就農支援は地域に若手の農業者を受け入れる施策であると言うことができる。なお、49歳以下というのは、農業次世代人材投資事業の対象となる年齢区分（18年度までは44歳以下が対象）である。

農外からの新規就農者の中でも新規参入者に着目すると、農業次世代人材投資事業が始まった12年度を境として49歳以下の新規参入者が増加しており、それまで1,000人前後であったものが最近では2,500人程度で推移している※3。

また、農業次世代人材投資事業の交付実績を見ると、各年度で準備型の６割以上、経営開始型の約半数が非農家出身者に交付されている（図表２）。

以上から、農業次世代人材投資事業の開始以降、新規参入にかかる資金的な手当てがなされ、各地でも新規就農に向けた支援体制が整ったことによって、参入へのハードルが下がってきていると考えられる。

※２　新規参入者は「土地や資金を独自に調達し、調査期日前１年間に新たに農業経営を開始した経営の責任者及び共同経営者」と定義されている。農家出身者でも親元を離れて独自に経営資源を調達した場合は新規参入者となるが、その数は少ないと考えられる。

※３　新規参入者については、14年調査から従来の「経営の責任者」に加え、新たに「共同経営者」を含めている。共同経営者には、夫婦で就農した場合の配偶者や、複数の新規就農者が法人を新設した場合の共同経営者が含まれる。

### ⑵　新規参入における課題と支援策

新規参入者は資金以外にも数多くの課題に直面する。この点について、既往研究およびアンケート調査（全国新規就農相談センターが実施した「平成28年度新規就農者の就農実態調査」）から整理していこう。

まず就農前については、参入障壁や参入費用という枠組みから論じられており、主に①農地の確保、②営農技術の取得、③資金の確保、④住居の確保、⑤地域からの信用獲得があげられる（稲本（1992)、江川ほか(2000)、田畑(1997)など)。アンケート調査でも同様の結果が表れており、とくに農地の確保が大きな問題となっている。

住居の確保や地域からの信用獲得など、生活面での課題については、その支援に際して、農業以外の組織の関与や関係機関による連携の必要性が指摘されている（江川ほか（2000)、島（2013))。とくに地域からの信用獲得については、新規参入者と地域を橋渡しする主体の存在の重要性が指摘されている（内山（1999)、包・服部（2016）など)。

次に、就農後の経営の実態については、全国新規就農相談センターのアンケート調査が詳しい。これによると、新規参入者が農業所得で生計が成り立っている割合は全体で24.5％であり、就農後５年目以上でも48.1％と半数を下回っている。

就農後の経営面・生活面での課題については、「所得が少ない」「技術の未熟さ」「思うように休暇が取れない」「健康上の不安」「設備投資資

図表３　経営面・生活面での課題

（単位　％）

| 経営面での課題（上位5項目） | | 生活面での課題（上位5項目） | |
|---|---|---|---|
| 所得が少ない | 55.9 | 思うように休暇が取れない | 46.0 |
| 技術の未熟さ | 45.6 | 健康上の不安（労働がきつい） | 40.3 |
| 設備投資資金の不足 | 32.8 | 集落の人との人間関係 | 19.5 |
| 労働力不足 | 29.6 | 交通、医療等生活面での不便さ | 16.9 |
| 運転資金の不足 | 24.3 | 就農地に友人が少ない | 15.9 |

資料　全国新規就農相談センター「新規就農者の就農実態に関する調査―平成28年度―」

金の不足」「労働力が足りない」となっており、就農後についても継続的な支援、とくに所得や技術の獲得につながる支援が重要であることが見て取れる（図表３）。

### ⑶　農協の取組みと本稿の視点

以上のように、農業への新規参入に関してはさまざまな課題があり、その定着は容易ではない。多くの農協でも、地域農業の維持・振興のために、自身の事業と関連させて新規参入支援に取り組んでいる（倪（2013）、高津（2007）、高津（2016）、和泉（2018）など）。

また、JA 全中およびJC 総研（現：JCA）が15年に実施した新規就農支援の取組状況のアンケート調査では、回答のあった全国のJA のうち、募集から定着までの一貫した取組みを展開しているのは37％で、一貫ではないものの何らかの支援を実施しているJA と合わせると68％の農協が就農支援に取り組んでいるという結果となっている。

JA 全中も11年に「新規就農支援対策の手引き」を作成し、「新規就農者支援パッケージ」の確立を求めている。「新規就農者支援パッケージ」とは、農外からの新規就農希望者に対して、農協と関係機関が連携しながらおこなう一連の支援策のことである。支援策は就農に至るステージごとに分かれており、それぞれ①募集、②研修、③就農、④定着となっている。

本稿では、農業次世代人材投資事業を活用しつつ、農協が地域の関係機関と連携して新規参入支援を展開している事例を取り上げるが、それはちょうどJA 全中が新規就農者支援パッケージを推進してきた時期とも合致する。

そこで本稿もJA 全中の分類を援用して、新規就農支援を募集から定着の４段階として捉える。そのうえで、それぞれの段階について連携のあり様を明らかにし、就農に関する課題をどのように克服しているのかを整理する。

なお、以下では事例での呼び方に合わせる形で「新規就農（支援）」と表記する箇所もあるが、想定されているのは「新規参入（支援）」である。

## 2. 地域における新規参入支援

### (1) 北海道むかわ町

a 概要

北海道勇払郡むかわ町は札幌から南へ車で90分の太平洋に面した町である。町内は鵡川地区と穂別地区に分けられ、本稿では新規就農支援が進んでいる鵡川地区を主として取り上げる。町内はかつて水稲作の盛んな地域であったが、現在は畑作への転換が進んでいる。野菜や花きなどさまざまな農畜産物が導入され、複数品目を栽培する複合経営も多い。

むかわ町では、夏は涼しく冬には雪が少ない気候条件を生かし、ビニールハウスを利用した通年型農業による就農を推進している。

むかわ町の新規参入支援は、05年の「むかわ町新規就農等受入協議会」(以下、「協議会」という)の設立から始まる。この協議会は農業者によって構成されており、農業体験希望者の受入体制や、その基準設定を目的に設立された。この背景には、地域の担い手不足への若手農業者の危機感があった。当時、離農者が出た際には周辺農家が農地集積することで対応していたが、それも限界に近づくなかで、地域として農業に意欲のある若者を受け入れることが必要と考えられるようになった。

10年には行政やJAむかわなど農業関係機関が構成員となって、総合的な就農対策を行う「むかわ町地域担い手育成センター」(以下「担い手育成センター」という)が設立され、協議会と連携する形で担い手対策を実施している(図表4)。

これらの取組みにより、これまでに30人以上が新規参入者または農業法人就農者(新規雇用就農者)として就農し、現在(19年9月時点)も5人が町内に在住しながら研修を受けている。

担い手育成センターは町からの出向者、JAからの出向者、事務系の嘱託職員で運営されており、協議会の事務局も兼ねている。また、JAむかわ営農部と同じ建物内にあるため、営農部との緊密な連携が可能となっている。

図表４　むかわ町における就農支援の体制

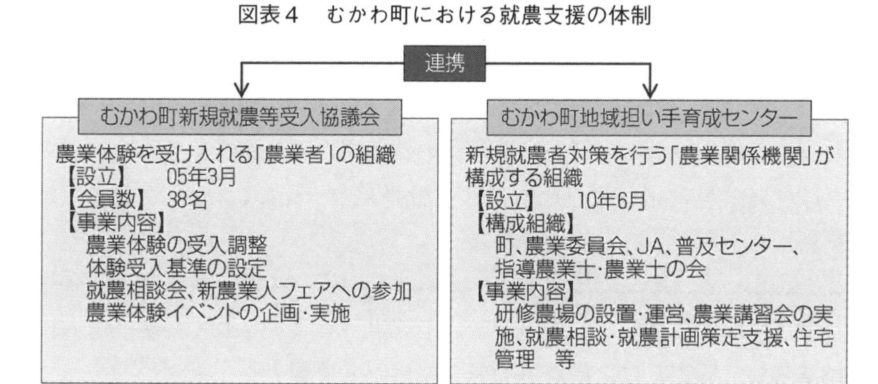


資料　むかわ町地域担い手育成センター提供

b　募集・研修

就農希望者の募集は、新農業人フェアへの参加の他、むかわ町独自の農業体験イベント、「むかわ町就農相談会」などを通じて行なわれる。

研修は３段階に分かれており、まずは短期農業体験から始まる。就農希望者は町内の農家に住み込み、２泊３日〜１か月のスケジュールで農業体験を実施する。

短期農業体験の後、むかわ町での就農の意思が固まれば、次の段階である長期農業体験に移行する。長期農業体験（３か月〜２年間）では、研修生はむかわ町へ移住したうえで、受入農家のもとでの研修が実施される。この間は農業次世代人材投資事業の交付金とは別に、受入農家から月額162,000円の研修手当が支払われる他、住宅についても研修生用の住宅が用意されている。

独立就農（新規参入）を希望する研修生は、長期農業体験中に担い手育成センターと相談しつつ就農計画等を策定する。そして関係機関による審査を受け、その審査をパスすると、研修の最終段階である２年間の実践研修へと移ることとなる。

審査の際には新規参入に必要な要件を満たしているかも重要となる。むかわ町では、500万円程度の自己資金を用意できること、一緒に就農できるパートナーがいること等を求めている。

実践研修は実践研修農場（鵡川研修農場）でおこなわれる。研修生は、ハウスで作物（トマト、ニラ、春レタス、ホウレン草）の作付計画策定と資材の発注から出荷までを自分でおこなう。町からは月額100,000円の助成金の他、売上から経費を差し引いた差額の50％が支給される。この実践研修農場は担い手育成センターの事業の一環で、JA むかわの土地を利用して設置されたものである。

c　就農

就農に関する情報は、担い手育成センターに集約されている。町内に13ある営農区ごとに、就農協力員とよばれる農業者を１人ずつ選出してもらい、区ごとの農地や空き家の情報を収集している。

また、地域農家の離農予定の情報や農地の賃貸希望等の情報は、JAの営農相談課と連携して担い手育成センターが収集しており、独立後のサポートにつながるようにしている。

一方で、就農時における支援の課題として、農地と住宅の確保があげられる。現在までのところ、就農時に農地を確保できているが、地域農家の拡大意向もあるなかで、今後もいかに研修生に農地を割り当てられるかが課題となりつつある。また、住宅については、農地とセットで探すものの、町内のアパートから通う事例や、住宅を新築した就農者もいる。

d　定着

新規参入者は購買や販売で JA を利用しており、生産に集中できるようになっている。また、生産部会にも加入しており、そこで地域の農家との交流や知識・技術の取得をしている。

むかわ町では独立就農のモデルケースを設定し、就農後の経営の目安としている。モデルケースでは100坪ハウス10棟で春レタスとトマトを栽培することで、５年目までに販売収入が1,000万円を超えることが想定されている。

地域からの信用獲得については、就農者の自主性が求められるものの、担い手育成センターや就農協力員が新規就農者と地域の橋渡し役を担っており、その手助けをしている。

## ⑵　山形県大江町

### a　概要

山形県西村山郡大江町は県中央部に位置しており、果樹作が盛んな地域である。大江町には、就農者や研修生を受け入れる農業者の組織として「大江町就農研修生受入協議会」（通称 OSIN の会※4）がある（図表５）。OSIN の会は地域の後継者不足を背景に、研修の受入農家10人が構成員となって13年４月に発足し、これまで13人が町内に就農している（19年９月時点）※5。OSIN の会は、JA さがえ西村山スモモ部会を母体として設立されているため、スモモを中心とした果樹での新規参入を進めている。

OSIN の会が設立される以前、大江町では東京都にある NPO 法人が主催する、地域活動の協力員の受入れをおこなっていた。協力員が就農することも期待されたが、実際に農業に従事する人を育成することがで

図表５　大江町における就農支援の体制

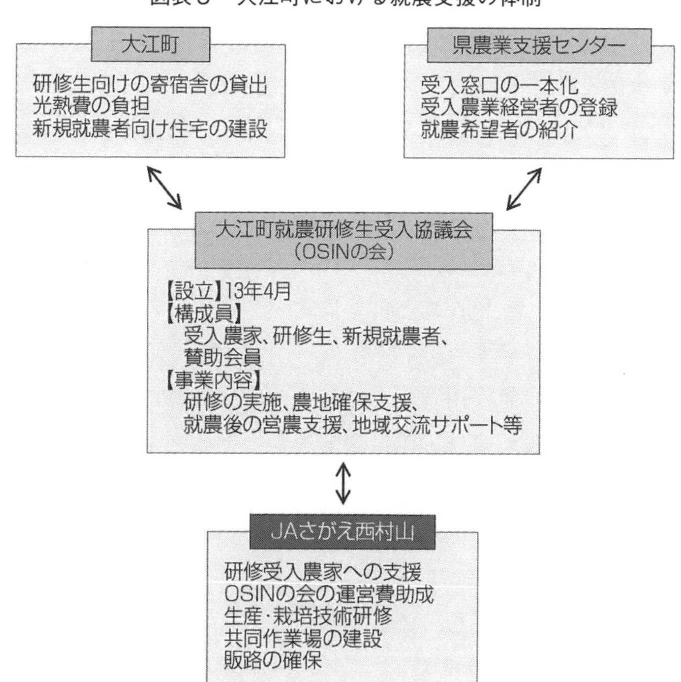


資料　大江町就農研修受入協議会提供

きていなかった。

JA さがえ西村山スモモ部会では、「農業にやる気のある人を、自分たちで探して連れてきた方がいい」として、新農業人フェア等に参加する方法を検討していた。町からフェアの参加に補助を受けるためには組織をつくる必要があったため、OSIN の会が設立された。

13年1月に開催された新農業人フェアに大江町とともに OSIN の会が参加した結果、ブースを訪れた人のうち、5人が短期研修で大江町を訪れた。さらに、うち2人が本格的な研修に移り、その後就農を果たしている。

※4　OSIN（おしん）の会の名称は、大江町が NHK の連続テレビ小説「おしん」のロケ地となったことと、大江町の「O」、就農研修生の「S」、受入れの意味を込めた「IN」が由来となっている。
※5　OSIN の会では、新規就農者や研修生も構成員となる。

### b　募集・研修

就農希望者の募集の多くは、新農業人フェアへの参加を通じて独自でおこなっている[※6]。また、OSIN の会に直接応募してくる希望者もいる。

OSIN の会では、研修生の受入に際し自己資金の要件や家族構成の要件はないが、2年間の研修をする前に、1週間の短期研修への参加を求めている。

短期研修の後、OSIN の会が研修生として受け入れたうえで、構成員の地域農家のもとで就農に向けた研修がおこなわれる。地域農家と研修生のマッチングは、希望作物と性格によって決められており、カリキュラムもその農家に任せられている。

2年間の研修中は町が用意した研修生の寮に住むことができ、生活費は農業次世代人材投資事業の給付金でまかなうこととしている。

OSIN の会の研修には、1年目と2年目で研修受入農家を変えるという特徴がある。これは、同じ作物を栽培していても農家によってやり方が異なることや、2年間同じ所にいると人的ネットワークにも偏りができてしまうことが理由となっている。

※6　山形県には新規就農の相談窓口として、公益財団法人やまがた農業支援センターがあり、そこから紹介で来る人もいる。

c　就農

OSINの会の研修生は、後継者のいない農地を借りて就農している。現在、地域の担い手農家による集積も手一杯となってきており、就農地の確保が問題になることはない。また、町内で誰がやめるという話もすぐに入ってくるので、情報収集もできている。

一方で、研修修了時に、希望する樹種で成木のある畑地を借りられるかどうかという課題はある。研修の卒業生にはスモモ栽培を希望する参入者が最も多いが、スモモはやめる農家が少なく、タイミングよく成木を入手できることが少ない。成木のある畑地が借りられず、改植中などで収入のない就農者は、共同でブロッコリーと枝豆を栽培している。

また、OSINの会では、18年に機材置場兼共同作業所を整備している。研修生が共同で利用できる機械（草刈り機やスプレーヤー）を町が準備し、JAが所有する古い倉庫を改修して置き場としている。そして、そこを共同作業所にすることで、スモモのパック詰め等を周りの人と協力しながらおこなうことができるようにしている。

住居については、畑の近くで空き家を探して斡旋しているが、それでも見つからない就農者向けに15年から町が毎年１棟、新規就農者向け住宅を建てている。就農者向け住宅の家賃は５万円であるが、町からの家賃補助４万円と光熱水道費の補助１万円があるので、実質無料で住むことができる。この住宅には最大８年間住むことができ、その間に次の住居を見つけなければならない。

d　定着

就農者は、つくる品目によってJAの生産部会に所属している。スモモは日持ちが悪く、直売や注文に合わせた出荷は難しいため、スモモ生産者には共販の利用を勧めている。

スモモの収穫適期は１品種で１週間ほどしかなく、規模拡大が難しかったが、JAさがえ西村山スモモ部会では新品種の開発に取り組み、現在は14のオリジナル品種がある。一般品種と組み合わせることで、100日を超えるスモモの出荷が可能となり、500万円を超える収益を上げることもできるようになった[※7]。

また、新規参入者が部会に加入することで、卸売市場の関係者から「今後も続く産地」として評価され、他産地との差別化につながっている。

OSINの会では、研修生と地域住民との交流会も開催している。地域に溶け込める雰囲気を、地域農家や先輩就農者がつくることで、仲間づくりを進めている。

※7　一般品種は7品種。早生で7月上旬、晩生で9月下旬が収穫適期となる。これに対し、オリジナル品種は最晩生で10月中下旬が適期となる。

## 3．連携による新規参入支援と農協の役割

以下では、各事例の取組みについて、新規参入支援における連携の効果、連携における農協の役割の観点から検討していきたい。

### (1)　連携の効果

それぞれの事例では、募集、研修、就農、定着の各段階内で農業者や関係機関が連携することよって、地域として農業者を受け入れる体制がとられている。

第1に募集段階では、連携によって募集活動の量や質が向上している。ここでは行政が活動の助成や支援をおこない、実際の就農相談は農業者グループが担うなどの役割分担が見られている。とくに大江町の事例では、農業者グループのみでは新農業人フェア等への参加が難しかったものの、行政からの補助を受けることでそれが可能となっている。

第2に研修段階では、研修施設や住宅の確保も課題となる。むかわ町の事例では、町や農協が連携することによって、研修施設を整備している。これらの施設では、設置に行政が関わるものの、運営は農協と地域農家に任せられていることも特徴である。住宅については町が整備しており、生活の場を確保している。

第3に就農段階での農地の確保である。事例では行政が空き家や農地の情報を集めるだけでなく、農協や地域農家と連携することで、離農予定や賃貸希望等の農業者の意向についても情報を共有している。

第4に定着段階においては、就農者への継続的なフォローが可能とな

っている。研修受入農家だけでなく、農家グループや農協の部会による活動を通じて、継続的に新規参入者の経営をフォローすることが可能となっている※8。

以上、支援の各段階を複数の主体で担うことによって、ハード面（活動への助成や施設等の整備）とソフト面（実際の相談や研修の対応、必要な情報の収集）の両方で支援の内容を充実させている。

※8　農業次世代人材投資事業では、17年度以降の新規交付対象者について、関係機関に所属する者および関係者で、サポートチームを構成するものとしている。サポートチームは、原則として年２回交付対象者を訪問して、経営状況の把握および諸課題の相談に対応する。

### ⑵　連携の中で農協の果たす役割

連携による新規参入支援の充実について見てきたが、ここでは農協が果たす役割について検討していきたい。

まず、募集から就農にいたる段階では、行政や地域農家の役割が大きいものの、農協は農地・空き家に関する情報提供や研修生への相談などの役割を担っている。それ以外にも、新規参入支援に関する協議体の事務局を農協職員が担ったり、農協の生産部会員が研修を受け入れたりと、支援体制の構築や充実への貢献も指摘できる。

そして、定着段階においては、経済事業機能の発揮が農協に期待される大きな役割となっている。本稿の事例では、新規参入者は購買・販売ともに農協を利用しており、農協を利用することによって、技術習得の途上である新規参入者が生産に集中することが可能となっている。また、新規参入者が共同で利用できる農業機械や施設を農協が整備することで、就農初期における資金面での支援もおこなっている。

生産部会への加入を通じた農業者との交流と技術情報の取得も、新規参入者の地域への溶け込みや技術の向上に役立っているといえる。

大江町では新規参入者支援に取り組んだことで部会員の数が増加し、その活動も活発化している。そしてそのことが、市場関係者からの評価にもつながっている。

以上は、農協が新規参入支援に取り組むことは、地域での支援体制の充実や農協の事業利用の観点からも意義があるということを示している。

## おわりに

本稿では農業への新規参入支援の事例を取り上げ、関係機関の連携による効果、その中で農協の果たす役割を検討した。新規参入支援は地域農業の担い手を確保する取組みであると同時に、若い就農者を地域内に定住・定着させる取組みである。つまり、農業と農村の活性化を目指すものであり、農協が新規参入支援に取り組む意義はあるといえるだろう。

連携の効果については、関係機関がそれぞれの持つ資源や情報を有効に活用することができるようになり、就農支援の効果を高めることが期待できる。そして農協は、経済事業体としての役割だけでなく、地域農家に関する情報の提供や研修生へのフォロー、支援体制への貢献という役割も果たしていることが明らかとなった。

最後に、本稿で取り上げた事例の共通点として、支援体制構築のきっかけが地域農業の将来に対する農業者の強い危機感であったことが指摘できる。この危機感が、地域として新規参入者を受け入れる意識の醸成、関係機関の協力と支援の連携体制構築の起点となっている。新規参入支援に向けては、まず第１に地域全体として、今後の農業のあり方について具体的に検討する必要があるだろう。

（注）本稿は、『農林金融』2019年11月号に掲載された拙稿「地域内での連携による新規参入支援と農協の役割」をもとにしている。

参考文献


・和泉真理（2018）『産地で取り組む新規就農支援』（板橋衛監修）、筑波書房、JC 総研ブックレット No23
・稲本志良（1992）「農業における後継者の参入形態と参入費用」『農業計算学研究』第25号、１-10頁
・内山智裕（1999）「農外からの新規参入の定着過程に関する考察」『農業経済研究』第70巻第４号、184-192頁
・江川章ほか（2000）「農業への新規参入」『日本の農業―あすへの歩み―』第215号
・倪鏡（2013）「JA が取り組む新規就農支援の実態―インターン研修制度を中心としたJA上伊那の新規就農支援―」『ＪＣ総研レポート』第26巻、29-34頁
・島義史（2013）「新規参入支援における支援主体の連携　―北海道Ａ町における施設トマト作による新規参入を事例として―」『農業経営研究』第51巻第２号、72-77頁

・全国農業会議所・全国新規就農相談センター（2017）「新規就農者の就農実態に関する調査結果―平成28年度―」
・全国農業協同組合中央会（2011）『新規就農支援対策の手引き』
・高津英俊（2007）「新規参入者による有機産地づくりと新規就農支援に関する一考察―JAやさと「ゆめファーム新規就農研修制度」を事例に―」『農林業問題研究』第43巻第１号、66-71頁
・高津英俊（2016）「JA 出資型農業生産法人における新規就農者育成システムの構造と課題」『産業研究：高崎経済大学地域科学研究所紀要』第52巻第１号、１-20頁
・田畑保（1997）「新規参入をめぐる問題状況と新規参入対策の課題」『農業と経済』第63巻第11号、42-48頁
・包薩日娜・服部俊宏（2016）「新規参入者の農地確保における仲介者の役割　―福島県南会津地域を事例に―」『農村計画学会誌』第35巻（Special Issue）、259-265頁

# 第11章

# 変革期に求められるJAの人材育成

斉藤 由理子

## 1. JAが人材育成の主体

JAが変革の局面にあることは論をまたない。不連続ともいえる環境の変化が背景にある。

第1に、超低金利の継続等による信用事業収支の悪化である。信連・農林中金への預け金からの収入に多くを頼るJAのビジネスモデルに見直しが迫られている。

第2に、デジタル化の進展であり、コロナ禍によってそれは加速した。デジタル化は、個人の行動、企業活動や産業構造に大きな変化をもたらすとみられ、JAも無関係ではいられない。

第3に、農業構造の変化である。農業を支えてきた昭和一桁世代のリタイアを契機に農業経営の法人化、大規模化、スマート農業の導入など、構造変化は加速している。

このような環境下で、JAには、ビジョン、戦略、現場の取組みなど、さまざまな段階で変革が求められている。

変革を担うJA職員の人材育成については、JA全中と中央会が、JAの経営戦略の立案・実行を担う人材育成のため「JA戦略型中核人材育成研修」と「JA経営マスターコース」を実施しており、JAバンク中央アカデミーでは「変革リーダー」の育成を目的に、経営層研修が階層別に行われている。連合会のこうした支援はあるが、人づくりの主体はやはりJAであろう。各JAのミッション、経営戦略を踏まえ、JAごとに人材育成は行われている。

以下では、変革を担う職員の人材育成に取り組む4JAを紹介し、変革期に求められるJAの人材育成について考えてみたい。

## 2．JA山形市

### (1)　改革のDNA

JA山形市は、山形県山形市を管内とする。19年度末の組合員数5,922(正組合員1,241)、職員数97人の比較的小規模なJAである。

JA山形市は都市化の進展等時代の変化と組合員のニーズに合わせて、新たな事業に次々と取り組んできた。

その歴史をさかのぼると、1958年には通常総会で「都市農協としての経営方式に移行」することを決議している。1973年に不動産業務を開始、74年には臨時税理士の許可を得て確定申告の受付を開始、相続相談も行うようになった。地価上昇に際しては、87年から組合員に収益確保と相続税対策として賃貸住宅経営を提案、以降、信用、共済はもとより、賃貸住宅の管理などの不動産事業、LPガス供給、記帳代行など、組合員の土地活用を多面的にサポートしている。また、高齢化が進むなかで、06年に遺言信託代理業務を開始、16年にはサービス付き高齢者向け住宅の運営を始めた。さらに、山形セルリーの産地維持に向けた「農業みらい基地創造プロジェクト」を14年に立ち上げ、JAが事業主体となって建設した山形セルリー団地を担い手と新規就農者が利用して生産を拡大、「山形セルリー」は18年にGI（地理的表示）を取得、19年には地域団体商標の登録を受けた。

19年度の経常利益2.3億円の内訳をみると、信用0.7億円、共済0.3億円、農業関連△0.3億円、生活その他2.2億円、営農指導△0.6億円である。組合員や地域のニーズに沿って、信用事業、とくに決済業務を核に、事業が有機的に枝分かれして多様化した結果、生活その他に含まれる不動産事業、記帳代行、健康福祉事業などの利益が生まれ、農業関連・営農指導事業の赤字や信用・共済事業の利益縮小を補う構図が読み取れる。

1960年代後半から農地が市街化区域に編入され、市街地が拡大したことにともない、組合員とともに生きていくためにJAは変わらざるを得なかった。JA山形市の判断基準は「組合員のためになるかどうか」である。儲かるかどうかではなく、組合員に必要なことを次々に実施してきた結果、JAの事業は多様化し、収益の維持につながっている。

そして、組合員・利用者に良質なサービスを提供し続けるためには、人材育成が重要と位置づける。

また、19年度現在の職員は97人であり、小さな組織は変革することが容易であるため、今後も100人を超えないように考えている。

### ⑵ 組合員に育ててもらう

組合員とともに変化してきたJA山形市の人材育成の根本は、「組合員に教育してもらう」ことである。若い職員の多くは、組合員のつくった米の配達を始め、貯金・ローン・年金・共済などの相談に対応する「くらしの相談員」として、組合員・利用者宅を訪問している。JA内の研修はあるが、組合員や利用者の求めは勤務年数に応じて高度化し、それに対応して実地で仕事を覚えていく。くらしの相談員は、毎日、自らの行動や訪問先の出来事などとともに、うれしかったこと、組合員からほめられたことなどを日誌に記入する。日誌には貯金などの数字は書かれていない。組合員とは「金つながり」ではなく「人つながり」であり、人と人とのつながりが協同組合という考え方である。日誌はデータベース化されており、それを全役職員が読むことができる。今では、くらしの相談員以外の職員も日誌を記入している。

### ⑶ JA内で育てる

JA内では、考える力を養い、能動的に考える職員を育成するため、JAに入って1年目から3年目の職員が木曜日の午後6～8時に集まり、先輩職員が講師となる「喜望塾」を行っている。「喜望塾」という名前には、組合員から本当に「喜」ばれる職員、組合員から来てほしいと

「望」まれる職員になってほしいという期待が込められている。また、「拡大喜望塾」は、１～３年目以外の職員をいろいろなグループにして、その都度集まり、専務や中央会の職員が講師となって研修を行うものである。両方ともグループ討議を経て発表をする分科会を行っている。

喜望塾の終わりには「職員の信条」を唱和する。そこにはJA職員としての基本的な考え方・姿勢が、「信用第一」「相互の信頼感」「創意、工夫」の三つにまとめられている。３番目の「創意、工夫」は、「創意、工夫のないところに進歩なし。組合経営も各人の絶えざる創意工夫によって、はじめて所期の業績を上げることができる。創意、工夫の努力こそ組合事業の血液である。自ら新しい方式すなわち新定石を編み出す力の人となること。これ第３の信条である」として、新しいことに職員が自ら取り組むことを促している。

管理職による教育も重要である。たとえば、JAの事業方針は各部門A4で１枚にまとめられており、それについて、部長や支店長が、なぜこのことをするのか、実行するためにはどのような勉強をしなくてはならないのかなど、部下に説明している。

### ⑷　自ら育つ

職員が自ら育つ仕掛けもある。

喜望塾の参加者は、メジャーリーガーの大谷選手が高校時代に使った「マンダラート」という目標達成シートを作成する。シートの中央に大きな目標を書き、その実現に必要なこと、さらにそのために必要なことを書き、それらの実践で目標に近づいていく。自ら目標を立て、そのための道筋を考えることで、多様な人材が育つことも期待している。

また、職員には、「自主・自立の経営を続けて28年後にJA山形市100周年を迎えるときに、未来はどうなっているか、常に想像し、考えること」が求められている。

## 3．JA 鹿児島きもつき

### ⑴　1人ひとりを大切にする

JA 鹿児島きもつきは、鹿児島県の鹿屋市など2市4町が管内である。管内は畜産の大産地であり、JA の販売取扱高のうち7割を畜産物が占める。19年度末の組合員は14,418、職員数は524人である。

下小野田組合長は、2003年に3年間組合長を務めたのち、15年に再び組合長に就任した。15年当時、JA の退職者が多く、前回の在任時における経営改革では職員に目がいっていなかったことを反省し、1人ひとりが大事にされ、職員がやる気をもって取り組める JA を目指して改革を進めることとした。

JA では「No.1きもつき！　起こそうイノベーション‼」「チームきもつき」というミッションを掲げている。いろいろな分野で No.1を目指し、これまでのやり方や発想にこだわらないイノベーションを起こす。そのためには個々の力をチームに生かす。ミッションに、改革と人づくりとが一体化していることが反映されている。

### ⑵　人づくりのために

改革を進めるため、組合長は、JA の広報誌などで組合員や職員にメッセージを発信し続けている。賞与の際には、職員に組合長からメッセージカードを手渡すこととし、再任後はじめての賞与である15年12月のカードには「「チームきもつき」をみんなで創り、そしてみんなで幸せに‼」と書いた。

また、人づくりのために、処遇の見直し、役職定年の引き上げ、教育研修制度の充実、共済事業の個人ノルマ廃止等を実施するとともに、若い職員も含む部門横断的な数多くのプロジェクトがつくられている。

### ⑶　プロジェクトとその成果

プロジェクトの参加者には、組合長から「成果は求めない、ただ何かチャレンジして欲しい、大きなチャレンジでなくていい。小さなチャレンジでよい。そしてそのチャレンジを通して自信をつけてほしい」と伝えられている。

プロジェクトとその成果の一部を紹介すると、「きもつき鷹山会」（メンバー、10名）は、役職員の持つ「灯台手帳」を作成した。JAの経営は航海であり、灯台手帳は目指すべき方向と還るべき場所を照らすものとし、その光によって、全役職員で意識改革し、活力ある職場をつくり、自己改革できる組織風土を構築していくと考えられたものだ。「職場改善プロジェクト」（12名）では、ダンスプロジェクトや合併後はじめての運動会を実施した。「イノベーション・ゼロ・プロジェクト」（14名）は、総代会盛り上げ大作戦、全国和牛能力共進会応援大作戦を行った。「ネクスト10プロジェクト」（組合長＋幹部職員12名）は、今後10年間の事業計画「ネクスト10（10年構想）」を作成して18年５月の総代会に提案、承認された。

ネクスト10には、肉用牛生産地日本一、日本一の施設園芸地域など、地域農業の構想とともに、JA事業の発展の姿も描かれている。それに沿って、18年10月に、遊休施設を取得し、就農希望者を雇用して養豚生産を行う「㈱きもつき豚豚ファーム」を設立、20年４月には、県内最大規模の農畜産物直売所「どっ菜市場」に農家レストランを併設した「アグリパークかのや」が、衛生管理を徹底してオープンするなど、構想の一部は実現している。

コロナ禍への対応にもプロジェクトは活用されている。新型コロナウイルスの収束を願って、20年７月末から「万羽鶴プロジェクト」を開始、約１か月で、職員、組合員、地域住民、直売所利用者などから10万５千羽超の折り鶴が集まった。５月には、JAや組合員の経営課題を抽出して、経営に方策を提案する、緊急経営支援チーム「KEMAT」が中堅・若手職員を集めて発足した。社会の大きな変革に対応するためにはデジタル化が必要との認識がコロナ禍によって強まり、まず、JA内のデジタル化に取り組んでいる。

### ⑷　職員が大事にされていることが組合員に伝わる

そして、退職者は減少した。また、総代会後に総代に実施するアンケートでは、「これからの農協に期待している」という回答が、18年は85%、19年は93%まで上昇した。１人ひとりの職員が大事にされ、職員がやる気をもって取り組めていることが、組合員に伝わっているのではないかと組合長は受け止めている。

## ４．JA ぎふ

### ⑴　変革期こそ人材育成が重要

JA ぎふは、岐阜県岐阜市など６市３町を管内とする。19年度末の組合員数は101,493（正組合員41,236）、職員数1,011人であり、中核都市の大規模 JA である。

「農協改革推進集中期間の５年間は大きな変革の時期だと思っていたが、現在はそれ以上の変革期。収支悪化とデジタル化が重要なポイントである。収支が厳しくなると教育費の削減に傾きがちだが、今こそ人材育成に力を入れなくてはならない」と JA の岩佐専務は語る。

### ⑵　自己改革を契機とした職員の意識改革と行動改革

JA ぎふは、第３次中期経営計画（16～18年度）のテーマを「積極的な自己改革の挑戦」とし、その積極的な取組みが高い成果をあげて、存在感を放った。中期経営計画には、自分の言葉で組合員に自己改革について発信できる職員を育成するため、職員の意識改革と行動改革が掲げられた。17、18年には全職員を対象に、協同組合の理念や農家とのかかわり方を学ぶ職場内勉強会を実施した。また18年には、全職員が同じ訪問先に同じ担当者で３回訪問を行い、自己改革の内容を伝え、組合員の意見を聞いた。職員は１人当たり平均80戸を担当し、組合員10万人のうち８万２千人への訪問が実現した。「組合員から訪問を歓迎され喜んでもらえたことで、自分の仕事に誇りを持てた」という感想がうまれるなど、職員の意識は変わったという。

### ⑶　組合員の期待に応えられる人財の育成

第４次中期経営計画（19～21年度）のテーマは「すべては組合員とともに」である。自己改革の継続的発展により、組合員からの期待に応えられるよう相談機能を強化し、地域から必要とされる組織を目指すこととした。そのために、「組合員の期待に応えられる人財の育成」を重点課題とし、人間力を高める能力開発制度とやりがいの持てる人事制度の構築に取り組んでいる。

### ⑷　推進から相談へ

第４次中期経営計画は、「組合員の悩み事を総合事業で解決する」ことを骨格におく。推進は職員がJAの都合で行うが、相談は組合員が行う。事業は相談を聞くことからはじまる。相談をしてもらうためには、信頼され好感を持たれなければはじまらない。信頼され好感を持たれるための要素は、スキルと思いやる心であり、そのためには職員の教育が欠かせない。信頼され好感を持たれる職員が多くなれば、自然と推進から相談へと転換することを期待している。

### ⑸　暮らしの相談受付簿

20年４月に、「組合員や地域からの大切な声を形にする」をスローガンに「暮らしの相談受付簿」をつくった。受付簿は、①職員が行った相談対応や組合員の感謝、喜ばれた行動や言動を記入、②所属長を通じ担当部に送付、③コメントを記入し役員へ回覧後、支店に保管し、JA内で情報を共有化している。

組合員に感謝され喜ばれる行動を通じて組合員との信頼関係を構築し、相談対応につなげる。その活動を通じて職員の成長を促し、人間力を身につけ、組合員や地域にとってなくてはならない魅力的なJAになることを目指している。

20年度は相談15,000枚、感謝の言葉1,500枚を目標としたが、上期においてすでに相談16,892枚、感謝の言葉は5,458枚に上っている。「普段の業務対応だけでない、感謝される行動をとることで、組合員との信頼関係構築に繋がった」など職員にも概ね好評であり、職場教育の一助となっている。

### ⑹ 新人事制度〜組合員にとって価値のある人材を評価したい〜

JA ぎふの経営理念は「地域の農業を守るとともに、地域に信頼され、安心してご利用いただけるよう、健全で適切な経営に努めます。また、人を財産として育み、地域社会に一層貢献するため、たえず新しいことに挑戦していきます。」であり、求められる職員像は、「組合員のお悩み事を解決することができる、課題解決型人財・自己変革型人財」である。

21年度に導入する新人事制度の検討にあたっては、経営理念や求められる職員像と現場の実態、また、育成したい職員と人事制度の運用実態が必ずしも一致していないことを課題として整理した。これまで、職員は目標は必ず達成するが、数字さえ上げればよいという風土もあったが、組合員にとって本当に価値のある人材を評価したいという思いがあった。

そのため、「経営理念」「求められる職員像」「信条」を起点に、人事制度を一体として機能させ、職員を育成することとした。制度設計の基本的価値観は、「単年の業績にのみにとらわれることなく、組合員とのつながりも重視」「与えられた数字をこなすだけの組合貢献ではなく、個人が成長することで組合業績に貢献することを求める」「定量的・客観的な数字のみを信じるのではなく、管理者を信じ自主性に委ねる」である。考課項目には「地域」「食と農」に関する取組みも含まれている。

教育、評価を行うのは現場の管理者である。新人事制度は管理者の主観、人柄と能力を信じて任せるため、管理者のさらなる能力アップが求められている。

### ⑺ 将来の人材づくり

長期的な視野に立った職員教育が少なかった反省もあり、10年後エリア長になれる人材の養成講座（３年間の教育プログラム）を19年７月に開講した。これまでの１年間、問題の発見、深掘り、調査、解決策の策定、プレゼンなどの基礎的な能力を実地に身につけた。今後地域に入り実際に事業展開をすることにより、さらなるスキルアップを目指す。こうした教育を通じ、自ら考え行動する職員づくりをJAの目標としている。

## 5．JA横浜

### ⑴　人材育成に重点的に取り組む経緯

JA横浜は、神奈川県横浜市を管内とし、19年度末の組合員数69,077（うち正組合員11,611）、職員数1,368人の都市型大規模JAである。

JA横浜は16年以降、教育制度改革、給与制度改革、人事制度改革を順次実施して、人材育成に重点的に取り組んできた。

この背景には、人材育成のキーマンの１人である波多野専務が13年にJAバンク中央アカデミーの系統経営層研修を受講したことがあげられる。専務は、世の中の人事制度の大きな変化を認識し、また、今後見通されるJAを取り巻く経営環境の変化に対応するために、人材育成をより一層強化するべきと考えた。15年に経営企画部の職員をJA横浜ではじめてJA全中の経営マスターコースに派遣し、その後の人事部への配属を通じて制度改革が始まった。

### ⑵　教育制度改革

これまでの階層別教育研修は、汎用的な知識やフレームワークの教育に留まっている感があったため、教育研修そのものが目的にならないようJA横浜の経営戦略と連動した研修プログラムを再構築した。

新たな研修体系のもとでは、具体的に「夢」を語ることができ、事業・経営のグランドデザインを描くことができるような変革人材を育成する研修プログラム「チェンジ・エージェント・プログラム（CAP)」と「改革の火だねプログラム（改革の火だね)」を立ち上げた。CAPは、課長や支店長を、改革の火だねは次長を選抜し受講対象者としている。研修は、波多野専務の基調講義より開始し約８か月間受講する。経営層として事業運営を行うための志や覚悟を訓練するべく、外部講師より戦略策定手法を学んだうえで、数人ごとのチームに分かれてJA横浜の新規事業を立案し、全役員へプレゼンテーションを行う形式である。このうち複数の提案は実採用されて現在も運用されている。

変革型人材育成の研修が選抜型であるのに対して、職員ならば誰でも参加できる研修「JA 基礎力養成ゼミナール」も19年度に開講した。相続手続や確定申告など、業務上の得意分野や高いスキルを有するJA 職員が講師になり17講座を開設、業務上の必要性やスキルアップを考えている職員が自発的に学ぶ挙手型の研修プログラムである。現在は年間約750人の職員が自発的に受講している。

そのほか、業界外の知見や刺激を得るべく系統外部研修（慶應 MCC、グロービス経営大学院）の充実にも力を入れている。

### ⑶ 給与制度改革

年功序列の色あいの強い人事管理や給与制度を改め、役割や責任、成果とプロセスに応じて職員を評価・登用する組織に大きく変革するための給与制度改革を行った。19年４月より、基本給に占める本人給（年齢準拠）の比率を下げ、職能給（職務遂行能力準拠）の比率を高めたほか、若手～中堅職員の動機づけ・離職防止のために昇給ピッチを見直すことで、若年層の昇給インセンティブを強化している。

### ⑷ 人事制度改革

これまでの人事上のキャリアでは、得意先係（渉外）を経験してから融資相談係を経験し、そして係長職、次長職といった管理監督者になる、マネジャー育成を前提にしたキャリア形成が中心であり、多くのマネジャー候補を育成できる一方で、実務における専門性の高度化が課題であった。このため、現在では職員全員がみな同じようにマネジャー職へのキャリアを目指すのではなく、個々の職員が有する専門性や強みを発揮できるようにさまざまなキャリアモデルを形成する人事施策を行っている。

なお、これら人事施策の背景には、JA 横浜の職員が有する能力や資質、才能、スキル、経験値などの人材情報を一元管理することによって、戦略的な人事配置や人材開発を行うタレントマネジメントがある。現在は、全職員の経歴や適性、評価、スキル、修了した教育研修などあらゆる人材情報を一元化しており、職員側は自分の人事情報（一部）をパソコンから自由に閲覧できるようになっているほか、経営側は職務やポジションに見合う人材を探し出すことや、職務適性や付加価値貢献度などを科学的に分析することができる。

### ⑸　役員が直接語りかける

改革以前は、JA横浜では役員が研修講師として登壇することはなかったが、現在は、あらゆる教育研修の場で、専務がJA横浜の課題や研修者への期待をメッセージに込めている。専務は「自身の仕事の目的」や「それぞれの業務が生み出す価値や利益」を自分の言葉で語ることの重要性を職員に伝えている。

事業戦略、店舗戦略、人事戦略の三つの戦略と将来収支シミュレーション結果で構成した「JA横浜10年ビジョン」を専務名で作成し、20年度に、専務が直接全職員に９回の説明会を通じて説明することを予定していたが、コロナ禍により開催中止となった。ついては、当該冊子を全職員に配布したうえで、通読した全職員がレポートを提出している。

## ６．変革期に求められる人材育成とは

四つの事例を踏まえて、変革期に求められる人材育成のポイントを考えてみたい。

### ⑴　求められる人材

変革期にとくに求められるのは、自分で考えることができる人材である。既存のビジネスモデルがうまくいっており、継続する場合には、職員は上からの命令に従えばよいし、それを徹底させることが管理職の役割である。しかし、ビジネスモデルの変革が求められるとき、JAであれば、その答えはまず、組合員、利用者、地域から探すことになろう。行っている仕事の意味を考え、かつ、組合員、利用者、地域、社会の変

化を踏まえ、今、そしてこれから何が必要かを自ら考え、行動することが、全職員、とくに組合員や利用者、地域に直接関わっている職員に必要となる。

変革期のリーダーには、環境や組織の変化を把握して戦略を考え、必要であれば変わることをいとわず、自ら語り、リーダーとして人を動かして実行することが求められる。

また、人材は多様な方がよい。変革期に組織が力を発揮するには、同じ種類の職員だけでなく、多様な考え方や行動、スキルが一層必要である。

### ⑵ 変革期の人材育成のポイント

a．動機づけ

これまで行ってきた業務のやり方や馴染んできた組織風土を変えることは難しい。抵抗感があるのは当然である。したがって、職員が変革の担い手となるためには、やる気を起こさせ自立を促す動機づけが必要になる。

まず、経営全体として変革に取り組み、そのために人材育成を重視するという経営の判断が重要である。それも含めて、動機づけのためには、JA のミッション、環境の変化、課題、そして、寄せられる期待を職員に理解してもらうことである。事例の JA で、経営層は、直接、これらのことを職員に語りかけている。また、職員が自ら気づく仕掛けもつくられており、組合員に喜ばれたことを報告する、自分で目標を立ててそのステップを考えさせることも行われている。

読書や JA の外部の人に会うことを職員に勧めているという話もうかがった。変革の糸口となるアイデアや技術、知識や情報を外部から積極的に取り入れる姿勢も重要であろう。

さらに、経営理念や求められる職員像と人事制度を一体化することで、経営から職員に、より明確にメッセージを伝えることになる。

b．研修を変革につなげる

事例では、研修会で学び考えることと、変革の実行との距離を縮める工夫がされている。

変革のリーダーを育成する研修会では、JAの環境や課題を理解し、ビジョンや戦略の策定および戦略実行の手法を学び、実際にJAの行うべき新たな戦略を策定する。その中には実行に移されたものもある。さらに、全国連での研修を、変革のリーダーを育成するJA内での研修につなげていく事例もある。

JAの職員が講師となってJA内で実施している研修会には、研修生が知識を学ぶことに加え、次のような効果も期待できる。職員が講師となって業務を教えることで自分の仕事を見直し、深め、レベルアップする機会になる。また、その姿をみて、参加者は目標となる職員の姿を心に留めることができるだろう。

人材育成を日常的に行うのは現場の管理職であり、また変革の実行における管理職の役割も大きい。管理職のさらなる能力アップが必要となっている。

c．チームで変革に取り組む

研修会では、数人で一つのチームをつくり、チームで戦略を策定している。個人を変革の担い手として育成するだけでなく、変革を担うチームを育成している。

また、部署横断的に職員が集められたプロジェクトによって、さまざまな課題に取り組んで成果をあげている事例も紹介した。

このように、チームで変革に挑戦し、成功体験を積み重ねることは、組織として変革する力につながるものと考えられる。

参考文献


・真田茂人（2018）「『自律』と『モチベーション』の教科書【改訂版】」CEOBOOKS
・奥和田久美、新村和久、藤原綾乃、小柴等（2017）「変革期の人材育成への示唆～新経済連盟との共同調査結果に基づく考察～」NISTEP DISCUSSION PAPER No.151、文部省科学技術・学術政策研究所
・ロバート・キーガン、リサ・ラスコウ・レイヒー（2017）「なぜ弱さを見せあえる組織が強いのか　すべての人が自己変革に取り組む『発達志向型組織』をつくる」英治出版株式会社

# おわりに

本書は「農業協同組合経営実務」の2020年５月号から2021年３月号までに掲載された『JA 経営の真髄　地域・社会と人材事業』と題した連載をまとめたものである。また、2019年、2020年と刊行された『JA 経営の真髄』シリーズの３冊目となっている。信用事業や営農経済事業といった特定の JA 事業を題材としてきたこれまでのシリーズとは打って変わり、本書では「地域・社会」「連携・協働」という、より幅広いテーマでまとめられた論考が並んでいる。テーマの幅が広い分、掲載されている論文は多種多様なものとなっており、読者それぞれの関心に沿った情報を提供できる内容となっていることが特徴といえる。

「はじめに」にもあるように、本書がこのようなテーマで組まれている背景には、JA グループが2014年から「創造的自己改革」において「地域の活性化」を基本目標に掲げているという内的なものと、農林水産省の2020年の食料・農業・農村基本計画の中で「地域を持続的に支える体制づくり」に、JA の参画が期待されているという外的なものがある。そして、こうした JA グループと地域社会との関係性が、組織の内外において同時代に議論の俎上に載ったことは決して偶然ではない。本書第Ⅰ部「JA と地域社会の関係性・構造的な課題」の第１章では、日本のあらゆる地方で人口減少や少子高齢化が顕在化し、東京一極集中が進むという構造的問題を確認しつつ、全国各地の JA が地域との連携の芽を主体的に育んでいることを紹介している。第２章では、JA グループがその前身の産業組合の時代から地域社会・経済を支え、地域の課題解決に寄与してきた存在であったことを指摘している。そして、それは現代の事業体というものを考える際の「持続性」というキーワードとも親和性の高いものである。深刻かつ多様な課題が浮き彫りになっているという地域社会を取り巻く現代的構造と、JA がこれまでも地域社会の課題解決に対して一定の役割を果たしてきたという歴史的経緯が、先述のような JA グループと地域社会の関係性という議論を生み、そして本書のテーマ設定にもつながったのである。

さて、第Ⅱ部以降では、本書のテーマに沿い、JA による地域社会を舞台とした実践事例についての紹介、考察がなされている。以下では、この本を最後まで読み進めた読者の頭の整理として、また、今後自らのさらなる関心に沿ってそれぞれの論文に立ち返る際の道標として、それらの内容を筆者なりにまとめてみたい。

まず第Ⅱ部では、「他団体との連携・協働」を取り上げている。第3章では、JA と同じく地域社会に密着している組織である商工会・商工会議所との連携事例からその実態や実現要因、連携の効果・メリットなどを整理している。JA と商工会が連携することで、地域振興においてより大きな影響力を発揮できる一方で、組織間の壁が存在し、実現にまであと一歩の事例が多いという課題もあげられている。第4章では、JA 系統全国8団体によって開設されたアグベンチャーラボによるスタートアップ企業の成長支援の取組みを紹介している。農作業と旅行をかけ合わせたマッチングサイト「おてつたび」や個人農家向けの経営管理アプリ「アグリハブ」など、農業関連のイノベーションを創造する企業を支援しつつ、JA グループ自らもともに成長する、まさしく連携の相乗効果がみられる。この2つの論文の主張からもわかるように、支援や補完という形で JA が他の企業や組織と連携することは、双方にメリットがあり、歓迎されるべき動きだといえる。

続く第Ⅲ部は、「新たな課題への挑戦」を取り上げている。第5章では、スマート農業が全国に広がっていくなかで、JA の関与の重要性を指摘しつつ、生産者組織が取り組むスマート農業を JA がサポートすることで情報共有や意思決定の面で効果が発揮されることを報告している。第6章では、農作物への獣害という課題に対して、地元 JA が「集落環境整備」「被害防護」「捕獲」といった面での支援を行いつつ、地域の協議会や行政、猟友会などと農家との結節点としても重要な役割を担っていると考察している。そして、第7章では豪雨被害に見舞われた地域において、地元 JA が復興を支援する事例を紹介し、そのポイントを整理することで、自然災害の増加・大規模化が懸念される現代での JA グループの役割を考察している。第Ⅲ部で紹介されているスマート農業への関与、獣害対策、自然災害からの復興といった農業分野での新たな課題は、そのまま地域社会の課題にも直結するものといえ、JA と地域社会との新たな関係性をも予見させる内容となっている。

最後に第Ⅳ部は「人材確保と育成」を取り上げている。第８章では、JA における援農ボランティアの実態を整理している。とくに、一般市民および農家が援農ボランティアという仕組みに参加するきっかけづくりとそれらを定着させることが JA にとって重要な役割であり、同時にその枠組みをつくることが課題として残されているという主張が興味深い。第９章では、特定技能外国人の雇用という農業労働分野の新たな展開において、新型コロナウイルス感染拡大影響下での実態や今後の JA の対応パターンなどをまとめている。とくに、論文後半に述べられている労働力確保の懸念事項や諸法律との関連性などは、今後の外国人労働力の展開を考えるうえで、示唆に富む内容となっている。第10章は、地域農業の現場において農外からの新規就農が注目されている動きを概観しつつ、地方自治体や JA が連携して新規就農を支援する取組みを紹介している。また、取組みが進むなかで、地域農業の活性化に寄与できるだけでなく、各種関係組織が連携することで生まれる新たなシナジーにも着目している。以上３名の論考は地域農業の人材不足という共通課題に対し、援農ボランティア、外国人労働力、そして新規就農というそれぞれの切り口から考察している。同様の課題に対して、これほどバリエーションに富んだ論考がなされるというのは、それだけこの課題において JA が果たす役割への期待が大きいことを物語っている。続く、第11章では、JA における職員の人材育成について記述している。JA に変革が求められていることは筆者が冒頭に述べるとおりであり、そこで紹介されている JA のように、組織が一体となって人材育成に取組み、JA 職員の成長が促されることは、地域の活力を支えるうえで重要なプロセスである。

以上本書を通読したうえで、「はしがき」でも述べたように、JA および JA グループが、その基盤とする農業生産・地域社会が抱える課題解決のために果たしている役割・機能について検討を加えてむすびとしたい。まず、各論文において、JAや農家に限らず、行政や企業、地域団体など多様な主体が登場している。そして、どの事例においてもこれらの主体による有機的な連携は、地域課題の解決に一定の効果を発揮しているといえる。JAにはこうした多様な主体を結びつけ、時には全体をコーディネートしていくような、結節点としての役割を果たしているのではないだろうか。また現在、国のさまざまな政策や諸制度・法律といった枠組みが地域社会を取り巻いていることは、各論文でも確認した通りである。一方で、よりミクロな視点に立つと、地域社会で発生している課題は、実に多様かつ複雑でもある。JAはそうした地域の固有の課題に対して、きめ細かな対応が可能な、地域社会に寄り添うことができる存在としての役割も担っている。加えて、JAが地域の課題解決に主体的に取り組むことにより、他組織との連携や、職員による自発的な行動が促されることは、本書のいくつかの論文でも確認した通りである。こうした経験が、JA自らの創造的改革や人材育成の機会ともなりうるということも、JAと地域社会の関係性を考えるうえでの重要なポイントとして、ここでは強調しておきたい。

最後に、本書の元となった雑誌特集は、2020年初頭から始まった新型コロナウイルスの世界的な感染拡大という、未曽有の事態の最中に書かれたものである。本書の直接的なテーマではないため、明確にこの災禍を意識した記述は限定的ではあるが、随所に当時の世相を反映した言及がされていることに気づかされる。読者にはぜひそれらを、JAおよびJAグループと地域社会がともに新しい時代を生き抜いてゆくヒントとして拾い上げていってもらえれば、本書の意義もより広がりを持つことになるだろう。

〈執筆者〉

| | | |
|---|---|---|
| 行友　弥 | 特任研究員 | (第１章) |
| 内田多喜生 | 常務取締役 | (はじめに、第２章) |
| 尾中謙治 | 基礎研究部部長代理 | (第３章) |
| 重頭ユカリ | 調査第一部長 | (第４章) |
| 小田志保 | 調査第一部・食農リサーチ部部長代理 | (第５章) |
| 藤田研二郎 | 調査第一部研究員 | (第６章) |
| 野場隆汰 | 調査第一部研究員 | (第７章、おわりに) |
| 草野拓司 | 農林水産政策研究所主任研究官<br>(※調査第一部主任研究員) | (第８章) |
| 石田一喜 | 調査第一部主事研究員 | (第９章) |
| 長谷　祐 | 調査第一部・食農リサーチ部研究員 | (第10章) |
| 斉藤由理子 | 特別理事研究員 | (第11章) |

※は『農業協同組合経営実務』誌連載当時の肩書

JA経営の真髄

地域・社会とJA人材事業
―課題解決のための地域の連携・協働―

2021年10月１日　第１版第１刷発行

編著者　株式会社農林中金総合研究所
発行者　尾　中　　隆　夫

発行所　全国共同出版株式会社
〒160-0011　東京都新宿区若葉1-10-32
電話 03(3359)4811　FAX 03(3358)6174


印刷／新灯印刷(株)
定価は表紙に表示してあります。　Printed in Japan

# 書籍案内

農中総研および農中総研の役職員が編集・執筆等の形でかかわった書籍等を案内しています。是非お買い求めください。

『ＳＤＧｓ時代の木材産業
ＥＳＧ課題を経営戦略にどう組み込むか？』

A5 版／ 194 頁
定価：本体 2,000 円（税別）
日本林業調査会

『新自由主義グローバリズムと家族農経営』

A5 版／ 303 頁
定価：本体 3,000 円（税別）
株式会社筑波書房

『輝く農山村―オーストリアに学ぶ地域再生』

A5 版／ 216 頁
定価：本体 2,400 円（税別）
中央経済社

農林中金総合研究所
Tel：03-6362-7700（代表）
https://www.nochuri.co.jp/